水生态文明规划策略和建设思路研究

——以潍坊市为例

任建锋　郑良勇　张玉荣　迟志学　等 编著

U0364652

中国水利水电出版社

www.waterpub.com.cn

·北京·

内 容 提 要

本书以地级市为尺度单元，以潍坊市作为研究对象，在调查了解国内外相关文献的基础上，探讨了水生态文明的基本概念和内涵特征，分析了潍坊市水生态文明建设现状和需求，研究提出了不同水生态功能分区条件下的水生态文明建设策略，明确了各功能分区的建设目标和建设思路，提出了六大体系 24 个方面的潍坊市水生态文明建设举措和重点任务，形成了一套针对市域尺度的较完善的水生态文明建设规划技术体系，可为全国其他地市水生态文明和幸福河湖建设提供借鉴。

本书可供从事水利规划设计、水生态文明建设工程规划设计、水生态保护与修复工程规划设计等工作的人员参考借鉴。

图书在版编目（CIP）数据

水生态文明规划策略和建设思路研究 ：以潍坊市为例 / 任建锋等编著. -- 北京 ：中国水利水电出版社，2022.7

ISBN 978-7-5226-0843-3

Ⅰ．①水… Ⅱ．①任… Ⅲ．①水环境－生态环境建设－研究－潍坊 Ⅳ．①X143

中国版本图书馆CIP数据核字(2022)第121297号

书　　名	水生态文明规划策略和建设思路研究——以潍坊市为例 SHUISHENGTAI WENMING GUIHUA CELÜE HE JIANSHE SILU YANJIU——YI WEIFANG SHI WEI LI
作　　者	任建锋　郑良勇　张玉荣　迟志学　等 编著
出版发行	中国水利水电出版社 （北京市海淀区玉渊潭南路 1 号 D 座　100038） 网址：www. waterpub. com. cn E - mail：sales@mwr. gov. cn 电话：(010) 68545888（营销中心）
经　　售	北京科水图书销售有限公司 电话：(010) 68545874、63202643 全国各地新华书店和相关出版物销售网点
排　　版	中国水利水电出版社微机排版中心
印　　刷	北京九州迅驰传媒文化有限公司
规　　格	170mm×240mm　16 开本　5.5 印张　79 千字
版　　次	2022 年 7 月第 1 版　2022 年 7 月第 1 次印刷
定　　价	**28.00 元**

前 言

任何研究都是有尺度的，有的宏大到整个宇宙，有的微观到一个细胞。规划亦如斯。长期以来，作为中国基本行政区划单元的市域尺度的研究得到广泛发展。同样，根据一定时期国民经济与社会发展的长远和战略需要，对市域尺度开展综合规划或者专项规划也作为一种适中的尺度得到广泛应用。在习近平新时代中国特色社会主义思想指引下，在全国大力推进生态文明、建设美丽中国的进程中，如何从市域尺度对作为生态文明组成部分的水生态文明规划策略和建设思路开展探索研究，为全国各地市开展水生态文明建设工作提供规划思路借鉴成为一项重要工作。基于此，本书即以地级市为尺度单元，以潍坊市作为研究对象，深入分析潍坊市水生态文明建设现状和需求，统筹考虑水生态文明规划策略和建设思路，以期形成一套针对市域尺度的较完善的规划技术体系，可为全国其他地市水生态文明和幸福河湖建设提供借鉴。

潍坊古称潍县，位于山东半岛中部，南依沂山，北濒渤海，扼山东内陆腹地通往半岛地区之咽喉，清代郑板桥曾以"三更灯火不曾收，玉脍金齑满市楼。云外清歌花外笛，潍州原是小苏州。"的经典诗句，生动描绘了古潍县的繁荣与昌盛。

在党的十九大和十九届历次全会精神的指引下，潍坊市继往开来，正全面深化改革，大力加强生态文明建设。这片古老的土地正焕发着蓬勃的生机和活力，大踏步向繁荣、富强、民主、文明、和谐的新潍坊迈进。潍坊市正遵循"节水优先、空间均衡、系统治理、两手发力"的新时期治水思路，大力开展水生态文明建设，着力打造"南部山青、北部海蓝、湖河水秀、城市绿美、全域生态"的美丽城市。"三区三轴妆碧翠，百河千库映芳华。六措并举润鸢都，人水和谐美天下。"这是未来潍坊市水生态文明建设愿景的写照，也是全国其他地市生态文明建设的愿景映照。

本书可供从事水利规划设计、水生态文明建设工程规划设计、水生态保护与修复工程规划设计等工作的人员参考借鉴。全书由任建锋、郑良勇、张玉荣、迟志学等编写，山东省滨州市政务服务中心任建锋负责统稿工作，参与本书编写还有宋炜、何信达、陈菁菁等。

本书在编写过程中，得到了潍坊市水利局、山东省滨州市政务服务中心及山东省水利勘测设计院有限公司等单位的领导和专家的支持和帮助，在此一并表示衷心的感谢。

由于时间仓促、编者水平有限，错误和不妥之处在所难免，恳请读者批评斧正。

作者

2022 年 2 月

目　录

第1章 绪 论

1.1 研究背景

党的十八大将生态文明建设纳入到"五位一体"的中国特色社会主义总体布局中，提出要"把生态文明建设放在突出地位，融入经济建设、政治建设、文化建设、社会建设各方面和全过程，努力建设美丽中国，实现中华民族永续发展。"

进入新时代，党中央提出了"创新、协调、绿色、开放、共享"的新发展理念，协同推进经济高质量发展与生态环境高水平保护。习近平总书记先后提出了"绿水青山就是金山银山""良好生态环境是最普惠的民生福祉""环境就是民生，青山就是美丽，蓝天也是幸福"等重要论述。2019 年，习近平总书记在黄河流域生态保护和高质量发展座谈会上更是提出了"建设造福人民的幸福河"，这是新时期推进江河流域治理的总体目标。

随着国家对生态文明建设的越来越重视，如何深刻认识新发展阶段、新发展理念、新发展格局对水生态文明建设的新要求，持续深化推进水生态文明建设，筑牢水利安全防线，大力推进幸福河湖建设，不断拓展新时代水生态文明内涵，开启新时代水生态文明建设新征程，成为一个亟待研究的问题。

本书以地级市为尺度单元，以潍坊市为研究对象，深入分析潍坊市水生态文明建设现状和需求，统筹考虑水生态文明规划策略和建设思路，以打造"水润鸢都、潍美天下"的水生态文明格局为目标，遵循"节水优先、空间均衡、系统治理、两手发力"的治水思路，通过最严格的水资源管理、水资源优化配置、水资源节约保护、水生态综合治理、滨水景观建设、特色水文化弘扬、公众水生态文明意识培育、水管理制度建设等措施，大力推进水生态文明建设，完善水生态保护格局，修复水生态环境，保障水生态安全，实现水资源可持续利用，塑造人水和谐关系，提高生态文明水平，将潍坊市建设成为"水资源利用节约高效、水生态系统健康完整、水景观文化丰富独特、水工程建设安全可靠、水生态文明意识理性自觉、水管理体系科学健全"的水生态文明和幸福河湖建设典范，打造"南部山青、北部海蓝、湖河水秀、城市绿美、全域生态"的美丽城市，为全国其他地市的水生态文明和幸福河湖建设提供一定的借鉴。

1.2 国内外研究进展

1.2.1 水生态文明的概念与内涵

党的十八大把生态文明建设纳入了经济建设、政治建设、文化建设、社会建设、生态文明建设的"五位一体"总布局，并要求将其融入经济、政治、文化、社会建设的各方面和全过程，这标志着中国特色社会主义事业进入了生态文明的新时代。建设生态文明，水生态文明是重要的组成部分。

随着经济社会的快速发展和生态环境的不断恶化，我国逐渐意识到保护生态环境的重要性，提出了加快推进水生态文明建设的战略思想，国内学者对此也开展了一系列的研究工作。但由于提出时间不长，研究基础薄弱，尚未形成指导水生态文明建设稳步落实的理论体系，在很大程度上影响了水生态文明建设的研究进度。我们认为，建设水生态文明，首先要弄清楚什么是水生态文明，水生态文明有哪些内涵，水生态文明具有什么特征。

所谓文明（Civilization），指的是人类创造的物质和精神财富的总和。生态文明（Eco-civilization）是指人类遵循人、自然、社会和谐发展这一客观规律而取得的物质与精神成果的总和。水生态文明（Water Ecological Civilization）可视作生态文明概念的延伸，包含水生态和文明两个方面。唐克旺（2013）认为，水生态文明是指人类在保护水生态系统、实现人水和谐发展方面创造的物质和精神财富的总和。水生态文明指的是人类的行为，而不是仅考虑水生态系统的健康状况。随着人类社会的发展，人向自然界的索取越来越多，不断影响和改变着自然，而大自然的退化又对人类生存和发展形成制约甚至惩罚。因此，水生态文明建设比水生态系统保护与修复具有更高的层次、更广阔的视角、更丰富的内容。水是各类生态系统（以生物为核心，生物都需要水）最重要的控制因子，人类不合理地用水、耗水、排水以及河湖占用引发了生态系统尤其是水生态系统的退化，并危及社会的长远发展。因此，水生态文明是生态文明的最重要组成部分，是其核心和灵魂。

水生态文明既然是人类在保护水生态系统、实现人水和谐方面的各种物质与精神财富的总和，与此无关的不应该归为水生态文明范畴。例如，防洪安全是保护人类社会安全的重要工作，但其本身可能存在对自然水生态系统产生负面影响。水库与水电站建设同样属于为经济社会发展服务的，其对水生态健康也可能存在不利影响。供水、防洪、航运、水力发电等都不能算水生态文明建设，但在这些工程的建设及管理过程中，兼顾水生态系统保护的工程设计、施工、管理等方面内容却属于水生态文明建设范畴，例如，大坝的鱼道设计、生态堤防、滞洪区的生态管理模式、水库的生态调度等。实施最严格水资源管理制度、建设节水型社会、推广节水技术和设备、加大水污染防治力度、改善水环境治理、实行清洁生产、发展绿色产业、开展水土保持，以及水情教育等，都属于促进人水和谐的重要工作，是水生态文明的具体实践。

丁惠君等（2014）将水生态文明的内涵归纳为"文明化"和"文明态"六个字，文明化即人类在水资源的开发、利用、保护和管理时，其行为、制度、理念、文化等方面要求做到文明化，用文明的方式对待水资源；文明态即水生态系统所呈现出的水资源可持续利用、水生态系统完整的文明状态；二者结合才是水生态文明的内涵体现，缺一不可。人类对水生态系统做到了文明化，同时，水生态系统本身呈现出文明态,才能构成水生态文明的社会。

左其亭(2013)认为,水生态文明是指人类遵循人水和谐理念,以实现水资源可持续利用,支撑经济社会和谐发展,保障生态系统良性循环为主体的人水和谐文化伦理形态,是生态文明的重要部分和基础内容。

此外,黄苗(2013)分析了水生态文明的内涵,水资源、水生态、社会、经济四个要素构成了水生态文明的子系统;徐继军(2013)从水的哲学角度出发,对水生态文明建设中水利工作定位、水生态文明建设思路和工作重点、水利新兴产业发展以及科技保障等问题进行了初步探讨;王育平等(2015)提出了包括"水资源永续、水环境良好、水运行健康、水灾害可控、水利用高效、水饮用安全、水景观优美、水监管科学、水经济发达、水利益和谐、水文化繁荣"为核心内容的水生态文明内涵;罗增良等(2015)对水生态文明的概念、内涵进行了梳理,提出了水生态文明建设的主要理念。

从目前的研究状况来看,我国对水生态文明建设的研究主要集中在概念、内涵和对策建议方面,而对水生态文明建设的深层次理论研究、发展思路和建设工作任务、建设规划等方面的研究还不足。研究普遍认为,水生态文明就是一种人水相依、和谐共生的状态。水生态文明建设就是人类通过思维及行为的创新性劳作,对生态系统进行综合协调,使水要素在系统中处于健康的状态,使水的功能在生态系统的和谐、稳定演化及持续发展进程中起到支撑作用。

1.2.2　水生态文明评价指标体系

开展水生态文明建设,需摸清现状,明确建设目标,确定建设任务,这就要求首先制定评价指标体系。水生态文明评价指标、评价技术方法、目标体系等目前还处于积极探索阶段,实践检验相对较少。山东省于 2012 年 8 月发布实施了全国第一个省级水生态文明城市评价标准——《山东省水生态文明城市评价标准》(DB37/T 2172—2012)。该标准作为山东省水生态文明城市评价的主要依据,提出了申报省级水生态文明城市必须首先具备的九项基本条件,涉及城市防洪、三条红线管理、地下水保护、供水保证率、水体水质达标率、污水处理率、水利风景区、绿化覆盖率等。同时，该标准提出了水资源、水生态、水景观、水工程以及水管理五大体系，共23条评价指标，见表1-1。

表1-1　　　　山东省水生态文明城市评价指标表

评价项目	评价内容	评价指标及分值
水资源体系（25分）	水源情况（15分） — 水源保障程度	有水资源中长期供求计划和配置方案、年度取水计划、水资源统一调配方案、有备用水源地，5分；缺少1项减1分
	非常规水源利用情况	非常规水源供水量占城市总供水量大于等于20%，5分；每减少5%减1分
	水源地保护	对饮用水源地划定保护区，措施完备，5分；有保护，措施不完备，3分，无保护0分
	用水效率（10分） — 规模以上工业万元增加值取水量	规模以上工业万元增加值取水量小于等于16m³/万元，4分；每增加2m³/万元，减1分
	供水管网漏损率	基本漏损率小于等于12%，3分；增加3%减1分
	节水宣传教育	主流媒体有节水专栏，市内有节水宣传标语，学校有节水教育课程，3分；每少1项减1分
水生态体系（30分）	水域环境（15分） — 水域（河流、湖泊、湿地）面积	适宜水面面积率大于等于5%，5分；每降低1%减2分
	生态水量	所有水域全年均有生态水量，5分；每减少5%减1分
	水域水质	80%以上水体清澈，无杂物，5分；每减少2%减1分
	动植物资源（9分） — 植物配置、绿化效果	植物选择和配置合理，绿化长度与水体岸线长度比大于80%，5分；每降低1%减1分
	生物种类、种群数量	生物物种的数量应大于地区平均物种数量，4分；与当地平均水平一致，2分；有特有野生物种加1分

评价项目		评价内容	评价指标及分值
水生态 体系 (30分)	水土保持 (6)	水土保持方案编制	水土保持方案申报率、实施率和验收率均达到95%以上，3分；每项每降低1%减1分
		水土流失防治效果	水土流失治理率95%以上，3分；每降低1%减1分
水景观 体系 (18分)	生态水系 治理 (5分)	生态水系 治理度	水系治理长度（面积）大于等于80%，5分；每减少2%减1分
	亲水景观 建设 (4分)	亲水景观种类、 数量及安全 防护措施	亲水设施种类3种以上，安全保护设施完备，4分；每减少1种减1分；安全防护设施不完备，0分
	水利风景 区建设 (5分)	水利风景区 数量、级别	有1处国家级水利风景区或2处省级水利风景区，5分；1处省级水利风景区3分
	观赏性 (4分)	水域及周边景点 观赏性、水文化特色	水域及周边自然环境优美、人文特色显著及整体景观效果好，4分；缺少1项减1分
水工程 体系 (12分)	工程标准 (4分)	工程达到防洪除涝 标准、供水标准情况	100%工程达到设计标准，4分；每减少5%减2分
	工程质量 (4分)	水利工程设施 完好率、运行状况	工程及设备的完好率大于等于85%，4分；每减少2%减2分
	工程景观 (4分)	水利工程与周边融合 情况，建筑艺术效果	水工程具有代表性、创新性和艺术性，4分；缺少1项减2分
水管理 体系 (15分)	规划编制 (5分)	现代水网建设、防洪、 供水、水污染防治 规划和水事应急 处理预案	规划和方案全部经政府批准，5分；缺少1项减1分
	管理体制 机制 (5分)	水管单位机构、 制度和经费	机构健全、制度完备、经费充足，5分；机构健全，制度基本完备，有经费来源，3分；机构不健全，0分
	公众 满意度 (5分)	公众对水生态环境的 满意程度	满意率大于等于80%，5分；每降低5%减1分

该标准的评价范围立足城市建成区，赋分以总分为 100 分计。对于总体评价分达到 80 分以上，且单项体系评价分不低于分值 60% 的城市，可评定为"山东省水生态文明城市"。

唐克旺（2013）提出，水生态文明评价指标体系应以经济社会系统为重点，以水生态系统健康状况为标尺，遵循人水系统作用的规律。社会经济系统的评价不仅要考虑水的供、用、耗、排等全过程，也要考虑人的水生态保护意识和爱水护水的理念。自然水生态系统也要兼顾陆面产水过程以及河道、地下水、湖泊、湿地、河口的系统水循环过程。同时，在评价水生态文明状况时，应考虑不同地区之间的差异，例如森林覆盖率、人均水面面积、人均绿地、河流生态流量等，一个地区的水生态文明状况是相对的，不是绝对的，应确定定量指标并进行分级，而不能机械地确定一个指标值，低于这个标准就是不文明的，否则就是文明的。而且，评价指标要简单实用，水生态文明状况评价不仅为了评价人水关系状况，更重要的是要能够识别水生态系统面临的问题，分析人类经济社会发展中不文明的要素，并为发展规划和政策的制定提供依据。水生态文明评价指标体系由系统层、类型层和评价指标层共计三层次 20 项指标构成。考虑到水生态文明是针对一个地区的相对的概念，不能机械地因为某一项约束性指标判定是否文明。他对 20 项指标进行了分级量化，并赋予每项指标不同的权重，以此来综合评价一个地区的水生态文明程度。

陈进（2013）提出，水生态文明建设的主要目标可以概括为三个：保障人民的生命安全和幸福生活、水资源可持续利用、水生态系统良好。为了保障这三个目标，他提出了 11 项基本评价指标，指标选取原则是突出主要问题，避免指标内涵重复、可度量等因素。

《济南市水生态文明建设试点实施方案（2013—2015 年）》针对济南市实际情况，提出了水生态、水景观、水安全、水利用、水管理、水文化等六大体系 27 项目标指标。

丁惠君等（2014）结合江西省莲花县的实际情况，提出了莲花县水生态文明建设评价指标体系。

水生态文明评价是一项复杂的系统工程，涉及水体物理、化学、生物、生态、景观及流域内经济、文化、人们价值判断等多方面的考量。评价指标体系的构建仅是水生态文明建设的第一步。当前所建立的水生态评价指标体系是基于人类对自然界的认识定义的指标，是一个相对的指标体系。具体进行评价时，需要一定的基准状态作为参照点，在对比的基础上进行评价；也不应局限于具体指标，而是更着眼于人类与自然的总体协调关系。必须根据评价对象所在区域的实际情况，以总体目标和目标层中的具体目标为依据，在总体框架下，不同区域合理选择评价指标，建立符合区域生态文明建设的指标体系。从以上研究可以看出，由于各地区的差异性，各地指标体系的构建又不尽相同，实际操作中应结合规划区域的具体情况因地制宜制定，并随着社会经济的发展动态调整。

1.2.3 水生态文明建设的主要任务

水生态文明建设规划是指导一个区域水生态文明建设的基础。田玉龙（2013）提出，水生态文明建设一般由以下任务和内容组成。

1. 关于落实最严格水资源管理制度

落实最严格水资源管理制度是水生态文明建设工作的核心，这是水生态文明建设规划与生态文明规划和一般水利规划在任务和内容方面的主要区别。任务和内容中，要在规划区确定"三条红线"的基础上，明确规划期的阶段目标，建立和完善各级行政区域的水资源管理控制指标，纳入当地经济社会发展综合评价体系。

2. 关于用水总量控制与水资源宏观优化配置

水资源开发利用总量控制管理和宏观优化配置是水生态文明建设的基础。严格实行用水总量控制，制定水量分配和调度方案，强化水资源统一调度，在规划编制中有着举足轻重的作用。

3. 关于用水效率控制与节约用水管理

建设节水型社会，把节约用水贯穿于经济社会发展和群众生活全过程，进一步优化用水结构，切实转变用水方式，不断提高用水效率和效益，是实现水生态文明建设目标的一个重要环节，在规划编制中应注意把握。

4. 关于水功能区纳污总量控制与水资源保护

建立和完善水功能区分类管理制度是纳污红线管理的核心内容。编制水生态文明建设规划必须与水资源保护规划相衔接，做好水资源保护顶层设计，这是严格水功能区限制纳污控制管理的基础。

5. 关于水生态系统保护与修复

在编制水生态系统保护与修复内容时，要对规划区水生态系统作出分区或分类，即从水的源头由上而下地进行水生态系统保护和修复，形成健康优美的水生态体系。

6. 关于水利建设中的生态保护

在水生态文明建设规划中，各项水利建设是很重要的内容，涉及生态问题需要特别重视，在编制时要融入生态保护的全新理念。在水利工程前期的规划设计阶段、建设实施阶段和运行阶段，都要注意对生态环境的保护，着力维护河湖健康。

7. 关于水生态文明建设工程体系

规划区水利工程体系是水生态文明建设的主要支撑，是水资源优化配置，确保防洪和供水安全，保障生活、生产、生态用水，促进水生态保护与修复，提高用水效率和效益，搞好水污染防治，创造美好环境景观等的基础和手段，在编制规划中应分门别类列出各个工程项目的主要内容。

8. 关于水文化体系建设

水文化是水生态文明的组成部分，也是水生态文明的主要表达形式，优秀水文化的传承和创新能够体现水生态文明的发展进程，这是规划中最具民生和人文关怀的内容。

9. 关于水生态文明的制度建设

水生态文明建设是在过去水利建设和水资源管理的基础上进行的，是新形势下水利工作改革发展的主要方式。水资源管理的基础是节水型社会建设、水生态保护与修复和实行最严格水资源管理制度等，这些工作的特点就是在工程建设的同时更注重管理，注重制度建设。因此，在水生态文明规划中，制度建设应该是重要的一部分。

　　济南市作为水利部确定的全国第一个水生态文明建设试点城市，为推进试点建设工作，制定了《济南市水生态文明建设试点实施方案（2013—2015 年）》。该实施方案提出了济南市水生态文明建设的主要任务包含建设科学严格的水管理体系、健康优美的水生态体系、安全集约的供用水体系和先进特色的水文化体系四大体系，并划分了南部山区生态保护功能区、城市泉水景观生态功能区、沿河湿地保育生态功能区和北部平原水网生态功能区四大生态功能区，明确了重点建设区域和示范工程，提出了支撑和保障措施，有力地推进了济南市全市的水生态文明建设。梅锦山（2013）研究了水生态文明建设分区策略。

　　李合海等（2014）提出了水生态文明建设规划还应包含水生态经济建设方面的内容，即围绕湿地、温泉、水利风景区，建设集娱乐、休闲、购物于一体的水生态旅游产业开发区，促进生态水利建设产业、水生态服务产业的发展。

　　总体看来，水生态文明建设主要包含水管理、水资源、水安全、水环境、水生态、水景观、水经济、水文化等几方面的内容，涉及人与水相关的方方面面。

1.2.4　水生态文明建设技术方法

　　围绕水管理、水资源、水安全、水环境、水生态、水景观、水经济、水文化等涉水的各个方面，国内外已经形成了一些成熟的经验和技术。

　　左其亭等（2014）提出，水生态环境问题是制约我国经济社会发展的关键问题，其从水资源、水环境、水生态、水管理、水经济、水景观、水安全、水文化 8 个方面分类介绍了开展水生态文明建设需要的主要技术，并分别介绍了这些技术对推进水生态文明建设的重要作用。

　　同时，左其亭等（2014）提出了自然修复法、植物修复法、物理修复法、生物修复法、综合修复法等作为水生态文明建设的主要方法，鉴于区域生态系统的复杂性和独特性，采用单一修复技术往往很难达到预期效果，采用多种修复途径共同治理水生态是改善水生态环境的主要方向。

虽然国外没有水生态文明建设的相关提法，但相继开展了大量关于环境保护与生态修复方面的研究工作，包括水资源保护、水生态修复和水灾害防治等。

在节水方面，如以色列，虽然其60%土地属于干旱或半干旱地区，但依靠科技抗旱，通过发展喷灌滴灌、中水回用、海水淡化等技术，创造了令世人惊叹的节水奇迹。

在水生态修复方面，美国在调水引流、截污治污、河湖清淤、生物控制方面有一些独到的水生态修复的手段，将生态脆弱的河湖地区逐步变得健康。欧洲的莱茵河流域，经历了先污染后治理、先开发后保护的曲折历程，水资源的过度开发，造成河流生态系统恶化。通过实施流域综合管理，提倡工程、非工程措施并举，技术及其他社会、经济因素并重，着力拓展河流空间，维护河流的生命活力，注重生态修复、生物多样性，逐步恢复了莱茵河流域的生态系统健康，重现了生命之河景象。

在河流治理方面，韩国的清溪川，作为流经首尔城区的河流，水质曾经因废水的排放而变差。通过实施清溪川复原工程，不但把河道的污水淤泥和两边的环境整治好，而且做好下水道维护及水源供给等新设施工作，同时，结合每条河道的历史，使治理好的河道各具特点特色，增加城市亮点，让市民从中受益。

1.3　研究内容与思路

1.3.1　研究内容

1. 水生态文明基本理论研究

在分析国内外相关研究成果的基础上，对水生态文明的基本概念、内涵、特征和关键指标体系进行了初步研究。

2. 水生态文明现状分析评价

在对潍坊市自然概况、社会经济概况、所属功能区划、水利建设现状及存在的问题进行分析的基础上，采取SWOT战略分析方法对潍坊市水生态文明建设的优势、劣势、机遇和挑战进行分析，指出水生态文明建设的必要性和可行性。

3. 基于水生态功能分区的水生态文明建设策略研究

结合地形地貌、水系分布、行政区划、水生态文明建设需求因素，对潍坊市水生态功能进行分区，并针对不同的分区特点提出各自的水生态文明建设策略。

4. 潍坊市水生态文明建设总体布局与主要任务研究

研究提出潍坊市水生态文明建设的总体布局，提出水生态文明建设的主要任务，并对建设效益进行初步分析。

1.3.2 研究思路

结合本研究实际情况，依据科学性和可行性原则确定本研究的技术路线，详见图1-1。

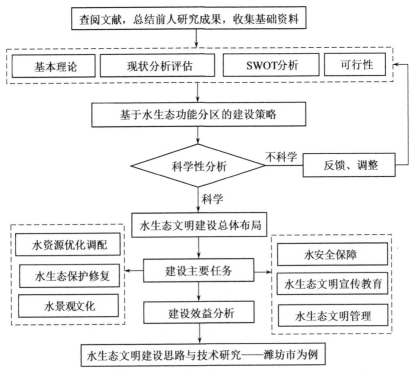

图1-1 水生态文明建设思路与技术研究技术路线

第 2 章　水生态文明建设基本理论探索

2.1　水生态文明基本概念

文明是人类改造客观世界的物质和精神成果的总和。汉语"文明"一词，最早出自《易经》"见龙在田，天下文明"之说。后来又有"文教昌明"的说法。

生态文明是人类改造生态环境、实现生态良性发展的成果的总和；是人类文明的一种形态，它以尊重和维护自然为前提，以人与人、人与自然、人与社会和谐共生为宗旨，以建立可持续的生产方式和消费方式为内涵，以引导人们走上持续、和谐的发展道路为着眼点。生态文明是人们在对工业文明的反思中提出的一种新的文明形式，是工业文明发展到高级阶段的产物；生态文明以尊重和维护生态环境为主旨，以可持续发展为根据，以未来人类的继续发展为着眼点，强调自然界是人类生存与发展的基础，人与自然环境共处共融等。生态文明作为人类文明的基础，延续了人类社会原始文明、农耕文明、工业文明的历史血脉，承载了物质文明、精神文明、政治文明的建设成果，贯穿在经济建设、政治建设、文化建设、社会建设的各方面和全过程。

党的十八大从民族振兴和永续发展的战略全局出发，把生态文明建设纳入了"五位一体"总布局，并要求将其融入经济建设、政治建设、文化建设、社会建设各方面和全过程，标志着中国特色社会主义事业进入了生态文明新时代。

十八大明确了生态文明建设的目标，就是努力走向社会主义生态文明新时代；指明了建设生态文明的现实路径，就是"转（转变经济发展方式）""调（优化国土空间开发格局）""节（全面促进资源节约）""保（加大自然生态系统和环境保护力度）""建（加强生态文明制度建设）"。

而水生态文明，是遵循人水和谐理念，在保障水资源可持续利用和水生态系统良性发展的前提下进行各项水事活动所产生的物质和精神成果的总和。水是生命之源、生产之要、生态之基，水生态文明是生态文明的资源基础、重要载体和显著标志，是生态文明建设的核心组成部分，也是实现经济社会可持续发展的内在必然需求。水生态文明要求在水资源的开发利用等涉水活动中要具有人水和谐、科学发展的意识，尊重自然发展规律，实现经济、社会、生态的良性循环与发展以及由此保障的人和社会的全面发展。水生态文明反映的是人类处理自身活动与自然关系（尤其是处理人水关系）的进步程度，是人类社会进步的重要标志。

水生态文明建设遵循的方向是水利要服从于生态文明建设大局，将生态文明理念融入水资源开发、利用、治理、配置、节约、保护的各方面和水利规划、建设、管理的各环节。

在认识上，要把水生态文明看作是生态文明的重要组成和基础保障，看作是我国治水理念的一次根本转变，看作是解决三大水问题的必然举措。

在理解上，要把人水和谐作为水生态文明的核心标志，要把尊重自然作为水生态文明的首要原则，要把水资源可持续利用作为水生态文明的基本前提，要把水生态修复作为水生态文明的关键内容。

在实现途径上，要牢固树立人水和谐的生态文明观，要彻底改变"人本位"的治水思路，要统筹兼顾进行水生态文明建设，要建立健全水生态文明建设管理制度。

2.2　水生态文明特征

水生态文明建设是统筹解决水资源短缺、水生态恶化和水灾害威胁等突出水问题的根本途径，是关系到国家和地区水安全、生态安全、粮食安全甚至国家安全的关键举措，是事关经济社会可持续发展和子孙后代公平享受水资源福利的重要问题。这是一项复杂的系统性工程，涵盖水资源优化配置、水生态保护、水环境修复和水管理等内容。其主要具有以下六大基本特征。

1. 水资源利用节约高效

水资源是水生态文明建设的资源支撑。在目前水资源总体不足和时空分布不均的前提下，采取最严格的水资源管理措施，实现水资源的节约高效利用，最终保障水资源的永续利用。充分考虑到水资源利用的代内公平和代际公平，避免由于现代的发展和用水影响到子孙后代用水的权利和福祉，是水生态文明的根本特征之一。

2. 水生态系统健康完整

水生态系统是水生态文明的自然载体。水生态系统具有一定的自我修复能力和一定的生态支撑保障能力，如果对水资源进行无节制的开发利用和排污，超过水生态系统的自然修复能力，将会产生水体污染、河道断流、地下水漏斗、海水内侵、生物链断裂、生物多样性减少、物种消失等问题，水生态系统将会退化，甚至会引发生态灾害，从而影响到地区的生态安全和可持续发展。因此，必须遵循节约保护优先和自我恢复为主的策略，注重水生态系统作为整个生态系统的生态基础功能，综合采取各种水生态修复与保护措施，构建完整的水循环系统和水生物系统，保持水生态系统的健康完整，为实现地区的可持续发展奠定坚实的水生态基础。

3. 水景观文化丰富独特

水景观文化是水生态文明的亮点所在。在水生态文明建设中要突出人水和谐理念，通过水景观打造，为人民群众营造亲水、乐水、戏水、赏水的优美空间，同时融入当地独特的水文化，提升水利工程美学价值，注重人文关怀，弘扬特色文化内涵，更好地满足群众的精神文化需求，为实现人水和谐发展创造优良的水景观文化环境。

4. 水生态意识理性自觉

水生态文明意识的普及是水生态文明的社会基础。要尽量使更广泛的人民群众理性自觉地培育起水生态忧患、水生态道德、水生态责任和水生态审美等水生态文明意识，自觉地节约水、爱护水、珍惜水，自觉地尊重自然，为水生态文明建设奠定坚实的社会基础。

5. 水利建设行为文明自律

水利工程建设是实现水生态文明的根本途径。在水利工程建设过程中，要把统筹兼顾、人水相依、和谐共生、良性循环的理念，贯穿到水利规划设计和建设管理的各方面、全过程，尤其在规划、设计、建设水利工程过程中不仅要满足防洪安全、供水安全需要，也要突出生态功能，采取节水技术和生态手段，给水生态自我修复、水资源自我更新安排时间和空间，创造环境和条件，促其休养生息，避免把河道改造成渠道，把湿地建设成水缸。实现水利建设行为的文明自律，而不是仅仅考虑人类自身的需要，一味掠夺性开发，超过大自然的生态环境承载能力。

6. 水管理体系科学健全

水管理体系是水生态文明的制度约束。建立健全科学高效的水生态文明管理体系，破解制约水生态文明建设的体制机制障碍，强化水资源统一管理，建立多元投入机制，运用经济手段促进水资源的节约与保护，探索建立以重点功能区为核心的水生态共建与利益共享的水生态补偿长效机制，完善有利于水生态文明建设的法制、体制及机制，逐步实现水生态文明建设工作的规范化、制度化、法制化，对于确保水生态文明顺利实现具有重要的制度保障意义。

2.3　水生态文明内涵

1. 理论内涵

建设水生态文明主要包括水生态意识文明、水生态行为文明、水生态管理文明，同时要推进水生态民主建设，发挥人民群众在水生态文明建设中的主体作用，即保证人民群众的水生态文明建设知情权、参与权和监督权，以确保水生态文明建设的根本目的是营造人水和谐环境、为群众谋求福祉和确保经济社会可持续发展。

2. 实践内涵

水生态文明的核心是"人与水和谐发展"。在社会影响方面，水环境问题、水生态文明成为社会的中心议题之一，纳入当地政府的业绩考核体系；在生产方式和经济建设方面，水生态文明建设要不断创新水生态修复与改善技术，注重采用新技术获取更好的水生态文明建设效果；在水生态环境保护方面，要采取综合措施治理受污水环境、优化水生态功能，着力构建健康完整的水生态系统；在社会生活方面，水生态文明建设要营造人水自然和谐的人居环境，培育节约友好的用水方式和节水意识；在精神文化领域，水生态文明建设要注重挖掘地方特色水文化内涵，创新水文化尤其是水生态文化的展现形式。

2.4　水生态文明关键指标体系

按照科学性、独立性、系统性、可量化、可监控、整体性的原则，结合潍坊市存在的主要水生态环境问题、水生态文明建设目标，本研究提出了水生态文明指数（WECI），遴选出六方面共21项指标构成潍坊市水生态文明评价指标体系，见表2-1。

表2-1　　　　潍坊市水生态文明建设目标指标体系

一级指标	二级指标	三 级 指 标	目标属性
水生态文明指数（WECI）	水资源高效持续利用	用水总量/亿 m^3	约束性目标
		万元工业增加值新鲜取水量/（m^3/万元）	约束性目标
		农田灌溉水有效利用系数	约束性目标
		农业节水灌溉率/%	预期性目标
		公共供水管网漏损率/%	预期性目标
		农村集中供水率/%	预期性目标

一级指标	二级指标	三 级 指 标	目标属性
水生态 文明指数 （WECI）	水生态系统 健康完整	省级重要江河湖泊水功能区达标率/%	约束性目标
		水源地保护率/%	约束性目标
		城镇污水集中处理率/%	约束性目标
		植被覆盖率/%	约束性目标
		地下水超采区面积年均减少率/%	约束性目标
		海咸水入侵速率/%	预期性目标
		水土流失综合治理度/%	约束性目标
	水景观文化 丰富独特	乡镇滨水景观建设率/%	预期性目标
		城区水景观辐射面积率/%	预期性目标
		生态岸线率/%	预期性目标
	水利工程 安全可靠	河道防洪达标率/%	约束性目标
		防潮达标率/%	约束性目标
	水生态文明 意识理性自觉	公众对水生态文明的满意度/%	预期性目标
	水生态文明 管理科学健全	取水许可实施率/%	约束性目标
		入河排污口水质监控率/%	约束性目标

第3章 研究区概况

3.1 自然概况

3.1.1 地理位置

潍坊市位于山东半岛西部，地跨北纬 35°41′~37°26′，东经 118°10′~120°01′。东与青岛、烟台接壤，西与东营、淄博相连，南邻临沂、日照，北濒渤海莱州湾，地扼山东内陆腹地通往半岛地区的咽喉，胶济铁路横贯市境东西。直线距离西至省会济南 183km，西北至首都北京 410km，地理位置十分优越。

3.1.2 地形地貌

潍坊市地势总体特征是由北向南，海拔逐渐增高，大体由北部滨海滩涂地区、中部洪积冲积平原区、南部低山丘陵区三个地貌区的 18 个地貌类型组成。北部滨海滩涂地区面积 3900km²，占全市总面积的 24.15%，该地区地势低平，海拔在 7m 以下；中部洪积冲积平原区，面积 6597km²，占全市总面积的 40.85%，是由弥河、丹河、白浪河和潍河的长期冲积而形成的，主要分布于中部和东部，地势由南向北倾斜，海拔为 7~100m，坡降为 1/500~1/1200；南部低山丘陵区，面积 5654km²，占全市总面积的 35.01%，地面高程在海拔 100m 以上，最高点在临朐县南部与沂水县交界处的沂山玉皇顶，海拔 1032m，东南部为崂山山脉的余脉，主要分布在诸城市一带。

3.1.3　土壤、动植物资源

土壤：潍坊市土壤类型具有典型的区域特性。其中北部滨海滩涂地带，土壤类型以盐土为主；北部滨海平原区为盐化潮土或湿潮土；中部洪积冲积平原区主要为褐土、潮土和砂姜黑土；南部低山丘陵区土壤类型为褐土和棕壤土。

植物资源：潍坊市属暖温带落叶林区，现有植被多为人工次生植被。全市共有种子植物 142 科 502 属 1049 种，裸子植物 5 科 13 属 18 种，被子植物 137 科 489 属 1031 种。

动物资源：全市共有陆生野生动物 1963 多种，其中陆生脊椎动物 363 种，陆生无脊椎动物 1600 种。陆生脊椎动物中，有鸟类 298 种，两栖类 9 种，爬行类 19 种，哺乳类 37 种。全市列入国家重点保护野生动物名录的有 55 种，列入《濒危野生动植物种国际贸易公约》的保护种类 53 种，列入《中日保护候鸟及其栖息环境的协定》保护鸟类 141 种，列入《中澳保护候鸟及其栖息环境的协定》保护鸟类 49 种。

3.1.4　水文气象

潍坊市处于北温带季风区，背陆面海，属暖温带季风型半湿润大陆型气候。冬冷夏热，四季分明。春季风多雨少；夏季炎热多雨，温高湿大；秋季天高气爽，晚秋多干旱；冬季干冷，寒风频吹。多年平均气温 12.9℃，无霜期 195 天，年平均风速为 3.5～4.0m/s。多年平均年降水量为 664.8mm，降水量时空分布极为不均、降水量的地区分布趋势是自南部的 880mm 向北部递减至 600mm，降水等值线基本呈东西走向。降水量年内变幅大，容易遭旱、涝威胁。多年平均年水面蒸发量一般为 950～1100mm。

3.1.5　河流水系

潍坊市河流密集，水系众多。境内流域面积在 50km² 以上的河流有 103 条，流域面积在 1000km² 以上的河流有 12 条，主要有潍河、弥河、白浪河、南北胶莱河和小清河等五大水系。潍坊市全市已建大型水库6座，分别为峡山水库、白浪河水库、墙夼水库、牟山水库、高崖水库和冶源水库；中型水库21座，包括三里庄水库、青墩水库、于家河水库、大关水库、黑虎山水库、符山水库、马旺水库、双王城水库等；小型水库663座，塘坝4707座，总拦蓄能力可达35.98亿 m³。

潍坊市海岸线为东南—西北走向，呈弧形曲线状，西起寿光市圣海集团养殖场西大坝与陆域交汇处，东至胶莱河河流中心线。海岸线全长140km，其中寿光市30km，滨海区57km，昌邑市53km。

3.2 社会经济概况

3.2.1 行政区划

潍坊市辖奎文、潍城、寒亭、坊子4区，青州、诸城、寿光、高密、安丘、昌邑6个县级市，昌乐、临朐2县，高新技术产业开发区、滨海经济技术开发区、综合保税区、峡山生态经济发展区4个开发区。全市总面积1.61万 km²。

3.2.2 人口状况

根据2020年潍坊市第七次全国人口普查主要数据，全市常住人口为9386705人，城区常住人口为2511721人。全市常住人口中共有家庭户3174295户，家庭户人口为8879183人，集体户142819户，集体户人口为507522人。平均每个家庭户的人口为2.80人。16个县（市、区、开发区）人口分别为：寿光市1163364人，诸城市1078178人，青州市960882人，高密市877393人，安丘市840553人，临朐县806314人，昌乐县583799人，昌邑市564501人，潍城区521368人，奎文区475103人，高新技术产业开发区389041人，坊子区361737人，寒亭区334403人，峡山生态经济发展区159288人，滨海区136714人，滨海经济技术开发区134067

人。全市常住人口中男性人口为 4772791 人，占 50.85%；女性人口为 4613914 人，占 49.15%。

3.2.3 经济概况

根据《2020 年潍坊市国民经济和社会发展统计公报》，2020 年全市实现生产总值（GDP）5872.2 亿元，按可比价格计算，比 2019 年增长 3.6%。其中，第一产业实现增加值 535.6 亿元，增长 2.4%；第二产业实现增加值 2308.1 亿元，增长 3.9%；第三产业实现增加值 3028.4 亿元，增长 3.5%。三次产业结构由 2019 年的 9.1:40.3:50.6 调整为 9.1:39.3:51.6。各县（市、区）、市属开发区生产总值完成情况：潍城区 307.6 亿元，寒亭区（含经济开发区）228.4 亿元，坊子区 179.9 亿元，奎文区 303.3 亿元，青州市 564.8 亿元，诸城市 652.8 亿元，寿光市 786.6 亿元，安丘市 329.8 亿元，高密市 510.3 亿元，昌邑市 450.4 亿元，临朐县 321.8 亿元，昌乐县 330.3 亿元，高新技术产业开发区 543.6 亿元，滨海经济技术开发区 280.4 亿元，峡山生态经济开发区 44.1 亿元，综合保税区 22.1 亿元。

3.3 所属功能区划

3.3.1 所属主体功能区划

根据《全国主体功能区规划》（国发〔2010〕46 号），按开发方式，将国土空间分为优化开发区域、重点开发区域、限制开发区域和禁止开发区域；按开发内容，分为城市化地区、农产品主产区和重点生态功能区；按层级，分为国家和省级两个层面。

从国家层面来看，潍坊地处山东半岛环渤海沿岸，中心城区及寿光等区域处于环渤海国家级优化开发区域，诸城处于重点开发区，高密、昌邑等区域处于黄淮海平原农产品主产区，市域内点状分布的国家级自然保护区、国家级风景名胜区、国家级地质公园和国家级森林公园等则处于禁止开发区。

从省级层面来看，根据《山东省主体功能区规划》（鲁政发〔2013〕3 号），潍坊市潍城、寒亭、坊子、奎文、寿光隶属于优化开发区域；诸城市属于重点开发区域；昌乐、青州、安丘、高密、昌邑隶属于农产品主产区（限制开发区域），临朐县属于重点生态功能区（限制开发区域）；省级自然保护区、风景名胜区、森林公园、地质公园、湿地公园、重点文物保护单位等属于禁止开发区。

3.3.2 所属生态功能区划

1. 潍坊市在全国生态功能区划的地位分析

根据《全国生态功能区划》（2008 年 7 月印发），全国生态功能区划分为 3 个等级：根据生态系统的自然属性和所具有的主导服务功能类型，将全国划分为生态调节、产品提供与人居保障 3 类生态功能一级区。在生态功能一级区的基础上，依据生态功能重要性划分生态功能二级区。生态调节功能包括水源涵养、土壤保持、防风固沙、生物多样性保护、洪水调蓄等功能；产品提供功能包括农产品、畜产品、水产品和林产品；人居保障功能包括人口和经济密集的大都市群和重点城镇群等。生态功能三级区是在二级区的基础上，按照生态系统与生态功能的空间分异特征、地形差异、土地利用的组合来划分生态功能三级区。

从全国生态功能区划来看，潍坊南部低山丘陵区属于山东半岛丘陵落叶阔叶林土壤保持三级功能区和鲁中山地落叶阔叶林土壤保持三级功能区，以生态调节为主要功能；潍坊中北部地区属于华北平原农产品提供三级功能区，以产品提供为主要功能。

2. 潍坊市在山东省生态功能区划中的地位分析

山东省划分为鲁东—鲁中丘陵山区生态区、鲁西—鲁北平原生态区、环渤海平原生态区和近海海洋生态区 4 个生态区、10 个生态亚区，陆域划分为 28 个生态功能区。

潍坊诸城的一部分属于沭东水土保持与水源涵养生态功能区。潍坊市的高密全部、诸城、昌邑的大部和安丘的一部分属于胶莱平原粮棉生产与营养物质保持生态功能区。潍中水源涵养与营养物质保持生态功能区包括潍坊市市区、寿光、青州的大部以及安丘、昌乐、昌邑、临朐等市县的一部分。潍南水源涵养与营养物质保持生态功能区包括临朐县、昌乐县的大部和安丘县的一部分。潍北盐渍化防治与自然保护生态功能区位于潍坊地区北部沿海，包括寿光、潍坊、昌邑的北部。黄河口及莱州湾毗邻海域生态功能区，莱州湾毗邻海域自黄河入海口起东至龙口市屺姆岛高角，涵盖了潍坊市寒亭区、寿光市、昌邑市的海域。

3.3.3　所属水功能区划

水功能区划采用两级体系，即水功能一级区划和水功能二级区划。水功能一级区分为保护区、保留区、开发利用区、缓冲区 4 类；水功能二级区划只在水功能一级区划中的开发利用区内进行，分饮用水水源区、工业用水区、农业用水区、渔业用水区、景观娱乐用水区、过渡区、排污控制区 7 类。

依据《山东省水功能区划》（鲁政字〔2006〕22 号），潍坊市现有水功能一级区 15 个，其中保留区 4 个、开发利用区 11 个；水功能二级区 25 个，其中饮用水水源区 13 个、农业用水区 10 个、景观娱乐用水区 1 个、渔业用水区 1 个。

第4章 现状分析与评价

4.1 地形地貌分析

潍坊市地势南高北低，依山面海，地形地貌较为复杂。按照区域地形地貌整体上可以划分为三个区域：南部低山丘陵区，中部冲积平原区，北部滨海滩涂区。

1. 南部低山丘陵区

潍坊西南、南部属泰沂山脉和崂山的余脉，地势由南向北逐渐降低，延续至胶济铁路南侧，海拔多在 100m 以上，最高峰沂山玉皇顶海拔 1032m。青州境内的皇姑顶、青崖顶、摩云崮，临朐境内的嵩山、摩天岭、沂山，安丘境内大安山、摘月山，以及诸城南部的马耳山、九仙山、障日山等山峰相连，共同构成了潍坊市南部绵延的低山丘陵。

潍坊南部低山丘陵区地形起伏较大，沟壑切割，地貌复杂多样，为动植物的生长活动提供了适宜的条件，生态环境本底较好。同时也是潍坊市潍河、弥河、白浪河等重要河流的发源地和水源涵养源、全市动植物种质库、生态核心和绿肺氧吧。区域位于河流上游，河道比降大，水流湍急，水库密集，水资源较丰富。由于地形陡峭，土壤瘠薄，容易发生严重的水土流失。需要结合清洁型小流域治理，大力营造水土保持林和水源涵养林，加强水库水源地保护。同时建设跨流域水系连通工程，将南部低山丘陵区丰富的水资源调配到潍坊中部和北部缺水地区。

2. 中部冲积平原区

潍坊中部属山前松散洪积、冲积平原，地势由南向北倾，海拔为 7～100m，地面较平坦。该区域河网密度较大，人口密集，经济发达。潍中平原是粮、棉主要产地，也是全市的经济文化中心。区域用水需求大、污染负荷重、水生态系统胁迫压力大，需统筹解决好经济社会发展与水生态环境破坏之间的矛盾，注重水生态保护与修复，以保障经济社会健康发展。

3. 北部滨海滩涂区

受沿海海潮和河流入海的影响，潍坊北部形成了地势低平、宽广、微向海岸倾斜的海积平原和滨海低洼地，海拔在 7m 以下，由海相沉积物和河流冲击物叠次覆盖而成，层状结构明显。北部滨海处于河流末端，生态环境脆弱，本地水资源量较少，存在大面积的海咸水区和地下水超采区。需在确保防潮安全的基础上，加强生态环境改造，改良轻度盐碱地，营造滨海滩涂柽柳湿地，加大雨洪资源的利用率，开展地下水超采区和海咸水入侵区综合治理工程，改良区域生态环境。

4.2 水资源禀赋分析

4.2.1 水资源总量

潍坊市多年平均年降水量为 664.8mm，略低于山东省全省平均水平（679.5mm）。潍坊市多年平均天然径流量为 17.03 亿 m^3，年径流量变差系数 C_v 为 0.80。保证率 50%、75%、95%时年地表水资源量分别为 13.57 亿 m^3、7.07 亿 m^3、2.14 亿 m^3。潍坊市山丘区多年平均地下水资源量为 9.73 亿 m^3，平原区多年平均地下水资源量为 5.39 亿 m^3；全市多年平均地下水资源量为 15.12 亿 m^3。经计算，潍坊市多年平均水资源总量为 27.28 亿 m^3，不同频率 50%、75%、95%的水资源总量分别为 24.01 亿 m^3、15.17 亿 m^3、6.92 亿 m^3。潍坊市人均水资源量为 312m^3，人均水资源量比全省人均水平（334m^3）低 7%，不到全国人均占有量的 1/6，属于严重缺水地区。

由于降水量分布不均及水文下垫面产水条件的差异，潍坊市水资源量地域分布存在较大差异，总的趋势是东南部比西北部丰富，潍河流域和弥河流域比白浪河流域丰富。

4.2.2 水资源可利用量

水资源可利用量是从资源的角度分析可能被消耗利用的水资源量。经计算，潍坊市地表水资源可利用量为 12.34 亿 m^3（一次性新水量），可利用率为 72.5%；地下水资源可开采量为 11.47 亿 m^3，水资源可利用总量为 20.59 亿 m^3，水资源可利用率为 75.5%。

4.2.3 水资源供需平衡分析

由于潍坊市水资源地区分布不均和经济社会发展不均衡，因此不同的行政分区水资源供需状况差异较大。青州、诸城、临朐、安丘平水年份基本可达到供需平衡，其中临朐县地处弥河上游，水资源丰沛，平水年、一般枯水年除满足自身用水需求外尚有余水。缺水率较大的区域为潍坊市辖区、寿光市、昌邑市、昌乐市、滨海经济技术开发区，这些区域多处于潍坊市北部滨海地区，由于地处河道下游，当地水资源较少，因此现状缺水率较大，可通过建设水系连通工程等，将潍河、弥河上游之水调至这些区域。

4.3 社会经济发展布局分析

根据《潍坊市委关于制定潍坊市十四五规划和二〇三五年远景目标的建议》，"十四五"时期，潍坊市将高举中国特色社会主义伟大旗帜，坚持以马克思列宁主义、毛泽东思想、邓小平理论、"三个代表"重要思想、科学发展观、习近平新时代中国特色社会主义思想为指导，全面贯彻党的基本理论、基本路线、基本方略，认真落实党的十九大和十九届历次全会精神，统筹推进"五位一体"总体布局，协调推进"四个全面"战略布局，坚定不移贯彻新发展理念，坚持稳中求进工作总基调，以推动高质量发展为主题，以深化供给侧结构性改革为主线，以改革创新为根本动力，以满足人民日益增长的美好生活需要为根本目的,统筹发展和安全,积极融入以国内大循环为主体、国内国际双循环相互促进的新发展格局,紧紧围绕中央建设制造强国、科技强国、文化强国、教育强国、人才强国、体育强国、健康中国战略部署和山东省委"七个走在前列、九个强省突破"的目标,加快构建完善的特色产业体系,保持经济社会持续健康安全发展,围绕黄河流域生态保护和高质量发展、"一群两心三圈"战略布局,全面建设全国高端制造业高地、全国农业农村现代化发展高地、区域性对外开放高地、区域性人才高地、区域性创新高地、区域性文旅康养高地,基本建成"生态、开放、活力、精致"的现代化高品质城市,为全面建设社会主义现代化国家开好局起好步作出积极贡献。

在《潍坊市委关于制定潍坊市十四五规划和二〇三五年远景目标的建议》中提到,"十四五"时期,潍坊市将实现生态质量进一步优化。绿色低碳型、环境友好型、资源节约型城市建设全面推进,生产生活绿色转型成效显著,生态环境持续改善,资源利用效率大幅提高,打造"南部山青、北部海蓝、湖河水秀、城市绿美、全域生态"的美丽城市。

根据潍坊市社会经济发展总体布局可知,未来潍坊城市发展的重心在两河流域和滨海地区。为了更好地发挥水生态文明建设对社会经济发展的支撑作用,应将重点放在两河流域水生态环境综合治理、滨海地区水生态环境改造与修复、南部低山丘陵区生态保护与水源涵养、中心城区和滨海地区水系连通等方面,以水生态文明建设为抓手,为打造"南部山青、北部海蓝、湖河水秀、城市绿美、全域生态"的美丽城市提供水利支撑。

4.4 水生态文明现状分析

4.4.1 水资源优化配置现状

潍坊市为解决水资源缺乏和时空分布不均的问题,建设了大中型水库 27 座、小（1）型水库 93 座、小（2）型水库 570 座。全市水库总库容达 35.98 亿 m³，兴利库容为 13.80 亿 m³。

从 20 世纪 80 年代潍坊市就开始建设单个的跨流域调水工程，后在总结以往调水工程建设经验的基础上，于 1998 年在全省乃至全国率先提出了"多库串联、库河串联、水系联网，优化调度配置水资源"的水网建设思路。在这一思路的指导下，潍坊市掀起了水网建设新高潮，相继建设了引黄入峡（一期）、潍北平原水库调水工程、白浪河水系联网、四河串联等工程。据统计，潍坊市共完成了 20 多项水系连通工程，连通了潍河流域、白浪河流域和弥河流域三大流域，基本涵盖了潍坊市域全部范围，实现了跨流域水资源的合理调度和优化配置，提高了水资源利用效率，有效改善了生态环境，获得了较好的综合效益。

4.4.2 水生态环境现状分析

潍坊市一直高度重视水生态环境保护工作，持续开展了水系生态综合治理、水土保持、污染综合防治、水源地保护、污水处理厂提升改造、地下水超采区综合治理、水系林网绿化、生态湿地等建设，使全市的水生态环境状况得到较大改善。全市 23 条重点河流全部达到山东省规定的恢复鱼类生长目标，饮用水水源地水质稳定达到Ⅲ类标准以上。潍坊市南部低山丘陵区为全省的水土流失重点治理区（安丘市和临朐县属于沂蒙山泰山国家级水土流失重点治理区），水土流失较为严重。潍坊市结合市域范围内的水土流失特点，坚持"预防为主，防治结合，因地制宜，综合治理，重点突破，积极进取"的原则，结合新农村建设，以小流域为单元开展水土流失综合治理工作，取得了较好效果。经过多年持续治理，潍坊市地下水超采区、海咸水入侵区和水土流失面积逐渐越少，全市绿化率逐年提高。但潍坊市仍存在一定面积的地下水超采区和海咸水入侵区，部分河道或河段水生态系统健康状况仍需继续改善。水土流失主要集中在南部低山丘陵区，下一步应结合清洁型小流域建设，营造水土保持林和水源涵养林，有效防治水土流失。同时加强开发建设项目水土保持工作和城市水土保持工作，减少新增水土流失，改善生态环境。

4.4.3　水景观文化现状

潍坊市河流密集，水系众多，北临莱州湾，沿海滩涂广阔。境内流域面积在 $50km^2$ 以上的河流有 103 条，水景观文化资源特别丰富。同时潍坊市还是一座历史文化名城，历史悠久，源远流长，名胜古迹众多，历史文化底蕴深厚，是国内三大年画发源地之一，被称为国际"风筝之都"。

近年来，潍坊市将水利工程建设和景观文化进行有机融合，充分挖掘地方历史文化底蕴，大力开展水利风景区、湿地公园和滨水景观建设，取得了显著成绩。潍坊市已建湿地公园 20 余处，各级水利风景区共 30 多个；根据潍坊市文化和旅游局公布的"潍坊市 A 级旅游景区名录"，截至 2019 年 9 月，全市共有 96 家 A 级旅游景区。其中，AAAAA 级 2 家，AAAA 级 22 家，AAA 级 44 家，AA 级 28 家。

4.4.4　防洪（潮）减灾工程现状

潍坊市主要有潍河、弥河、白浪河、南北胶莱河和小清河等五大水系，其中流域面积大于 $1000km^2$ 的河流有 12 条，海岸线全长 140km。近年来，潍坊市开展了大规模的河道综合整治活动，尤其对穿城、靠城、绕城河道进行了高标准综合整治，获得了防洪除涝和生态景观的综合效益。另外，潍坊市还加强防潮堤建设，有效减少了风暴潮对海岸的侵袭。此外，潍坊市还完成了全部大中型水库和部分小型水库的除险加固工作。

4.4.5　农村饮水安全现状

潍坊市高度重视农村饮水安全工作，按照"城乡供水一体化、农村供水城市化、供水经营规模化、供水管理专业化"的思路，不断提高供水水质和供水保证率，提升供水管理和维护水平，供水规模大、行政监管严、运行机制活、管理服务好的农村饮水安全保障体系在潍坊市初步建立，有效改善了农民群众的生产生活条件。

4.4.6　水利管理现状

1. 最严格的水资源管理制度贯彻落实情况

山东省 2010 年以省政府 227 号令颁布实施了《山东省用水总量控制管理办法》，逐级制定并分解下达了用水总量、用水效率、水功能区限制纳污"三条红线"控制指标，标志着最严格水资源管理制度在全省得到全面贯彻实施。

为全面贯彻落实国家和省最严格水资源管理的各项制度，潍坊市明确了各县（市、区）2011—2015 年用水总量、用水效率、水（环境）功能区纳污总量等三项控制指标，并编制了《潍坊市水功能区限制纳污警戒线划定报告》以及《潍坊市主要河道水域纳污能力核定成果报告》，为实行最严格水资源管理制度提供科学依据。另一方面，在逐步规范水资源论证、严格取水许可管理、加强水资源费征收、强化能力保障建设、落实最严格水资源管理责任考核制度等方面，都取得一定成效，为全市的水资源统一管理打下了坚实的基础。

2. 水利信息化

潍坊市大力宣传水法律法规，制定出台了《潍坊市农村公共供水管理办法》等规范性文件，突出抓好资金、进度、质量、安全和程序"五位一体"的建设管理，全面落实安全生产责任制。同时潍坊市还结合水利工程建设，逐步开展了水利信息化建设工作，建设了水位监测自动化系统，全面开展了取用水量监测。已建成水资源管理信息系统硬件平台，建设了潍坊市水资源管理信息中心一处，各县（市、区）水资源管理信息分中心 12 处，并完成了市信息中心与各县市区信息分中心的虚拟局域网的建设。

3. 水生态文明理念宣传教育

潍坊市积极开展节水节能宣传教育，提高公众的忧患意识和节水节能意识，增强节水节能的紧迫感和责任感。利用"世界水日"

"中国水周""城市节水宣传周""节能宣传周"等有利时机，开展节水节能宣传教育。但专门针对水生态文明建设的宣传教育还较少，公众自发的水生态保护意识尚未真正建立。

4.5 存在的问题分析

当前和今后一段时期，是潍坊市建设经济文化强市，加快生态文明建设，全面打造"南部山青、北部海蓝、湖河水秀、城市绿美、全域生态"的美丽城市的关键时期。虽然近年来，潍坊市在水利建设取得了较大的成就，但仍然存在一定程度水资源短缺、水环境污染和水生态恶化等问题，与水生态文明的建设要求和全市经济社会发展的要求相比，还存在一定差距，因此，需要继续对全市水生态文明进行统筹规划布局，并逐步实施建设。

第5章　水生态文明规划策略研究

5.1　指导思想与基本原则

5.1.1　指导思想

以科学发展观为指导，全面贯彻党中央关于生态文明建设的决策部署和习近平总书记关于保障水安全的重要讲话精神，坚持"节水优先、空间均衡、系统治理、两手发力"的治水思路，深入分析潍坊市水生态文明建设现状和需求，立足潍坊市实际，以打造"水润鸢都、潍美天下"的水生态文明格局为目标，按照"尊重自然、保护为主，统筹兼顾、生态优先"的原则，改善人水关系，优化水生态运行机制，塑造良好水生态环境，促进潍坊市经济社会与水资源、水生态协调发展，加快实现潍坊市由供水管理向需水管理转变、由粗放用水方式向集约用水方式转变、由过度开发水资源向强化保护水资源转变、由单一治理向系统治理转变，为建设"生态潍坊、美丽潍坊、文明潍坊"奠定坚实的水资源基础和水生态基础，为打造"南部山青、北部海蓝、湖河水秀、城市绿美、全域生态"的美丽城市提供水利支撑，谱写潍坊市繁荣进步、文明先进、科学发展的新篇章。

5.1.2　基本原则

1. 坚持人水和谐、尊重自然的原则

牢固树立人与自然和谐相处理念，尊重自然规律和经济社会发展规律，充分发挥生态系统的自我修复能力，以水定需、量水而行、因水制宜，推动经济社会发展与水资源和水环境承载力相协调，力争实现潍坊市水资源的节约高效利用，保障全市水资源的可持续利用。

2. 坚持保护为主、防治结合的原则

规范各类涉水生产建设活动，落实各项监管措施，充分发挥大自然的自我修复能力，着力实现从事后治理向事前保护转变。在维护河湖生态系统的自然属性，满足居民基本水资源需求基础上，突出重点，推进潍坊市地下水超采区、海咸水入侵区和水土流失重点治理区的水生态修复工作，适度建设水景观。

3. 坚持统筹兼顾、综合治理的原则

从潍坊市发展全局和最广大人民的根本利益出发，立足山水林田湖是一个生命共同体，统筹好水的资源功能、环境功能、生态功能，兼顾好生活、生产和生态用水。科学谋划水生态文明建设布局，妥善处理水资源保护与发展的关系，统筹考虑水的资源功能、环境功能、生态功能，合理安排生活、生产和生态用水，协调好上下游、左右岸、干支流、地表水和地下水关系，调节并处理好各种具体的利益关系，促进城乡间、区域间公平协调发展，促进整个社会协调发展，实现水资源的优化配置和高效利用。同时要强化以政府为主导、各部门分工协作、全社会共同参与的工作机制，促进水生态文明建设深入扎实有序地向前发展。

4. 坚持因地制宜、以点带面的原则

结合潍坊市各县（市、区）水资源禀赋、水环境条件和经济社会发展状况以及社会文化，从本地实际出发，发挥区位、环境和资源优势，形成各具特色的水生态文明建设模式，在城市开展水生态文明建设活动，探索水生态文明建设经验，辐射带动乡镇、流域、区域水生态的改善和提升。

5. 坚持深化改革、完善制度的原则

水生态文明建设是一项全新的工作，其理念具有明显的时代特征，其方法和内容还处于摸索和探讨阶段。建设水生态文明，需要大胆的创新,不仅要在理念上深入探索和创新,更要在水生态文明建设的主要内容、工作方法、指标体系等方面都要开创顺应时代需求的、符合水生态文明内涵的创新性的工作。把改革创新作为推进水生态文明建设的基本动力,建立健全科学合理的水生态文明评价指标,构建一整套行之有效的水生态文明制度体系。

6. 坚持政府主导、全民行动的原则

水生态文明建设,不仅要实现人水和谐、人与自然的和谐,更要实现人与人的和谐,因此应当接受公众的参与和监督,通过全民参与形成合力。充分发挥政府的引导、支持和监督作用,积极运用市场机制,推动形成部门协同、社会参与的强大合力。另外,要运用科学的理论和方法,针对潍坊市存在的水生态突出问题和重点需求做出科学决策,量力而为,循序渐进,持之以恒,以便全面有序地推进潍坊市水生态文明建设进程。

5.2 规划思路

5.2.1 总体思路

以打造"水润鸢都,潍美天下"为目标,坚持以落实最严格水资源管理制度为核心内容、以建设水系连通工程为主要途径、以水系生态修复与保护为重点领域、以水文化景观打造为主攻方向、以培育水生态文明意识为重要举措、以加强水生态文明管理为制度保障的建设思路,通过最严格的水资源管理、优化水资源配置、加强水资源节约保护、实施水生态综合治理、建设滨水景观、弘扬潍坊特色水文化、加强水管理制度建设等措施,大力推进水生态文明建设,完善水生态保护格局,实现水资源可持续利用,塑造人水和谐关系,提高生态文明水平,将潍坊市建设成为水资源利用节约高效、水生态系统健康完整、水景观文化丰富独特、水工程建设安全可靠、水生态文明意识理性自觉、水管理体系科学健全的全国生态文明典范和人水和谐发展样板,提高潍坊

市在国内外的知名度和影响力。潍坊市水生态文明建设规划总体
思路框图如图 5-1 所示。

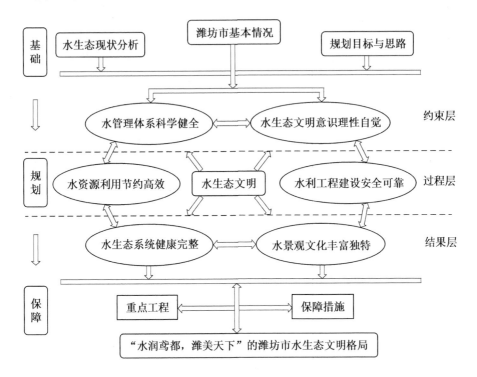

图 5-1　潍坊市水生态文明建设规划总体思路框图

5.2.2　分区规划思路

5.2.2.1　水生态功能区划分

　　根据潍坊市自然地理现状、水资源水生态现状、水生态文明建
设需求及社会经济可持续发展的需要,结合全市主体功能规划、生
态功能区划和水功能区划,将潍坊市划分为南部低山丘陵生态保护
区、中部冲积平原生态修复区、北部滨海滩涂生态改造区三大水生
态功能区域。

5.2.2.2　分区规划思路

　　1. 南部低山丘陵生态保护区

　　(1) 区域范围。该区包括青州市南部、临朐县、安丘市西南部

及诸城市南部区域，海拔在 100m 以上，区域面积 5654km² ，约占全市总面积的 35%。

（2）区域特点。该区是潍坊市主要河流的发源地，海拔较高，多以山地、丘陵为主，地形陡峭，生物多样性丰富，植被覆盖度较高，生态本底较好，同时局部存在生态敏感区。区域水库密集，水资源较充沛。

（3）水生态功能定位。该区是全市的水系涵养源、动植物种质库、生态核心和绿肺氧吧，水生态功能定位主要为水生态保育和水源涵养。

（4）建设思路。该区地形起伏大，土层较瘠薄，主要存在水土流失、面源污染、水源地保护等问题。该区水生态文明建设应以保护涵养为主，适度开发利用，兼顾中下游需求，注重源头保护。综合采取小流域综合治理、水土保持林和水源涵养林建设、封山育林、面源污染综合整治、水源地保护、水源拦蓄等措施，以减少水土流失、保障水库水质、维系生物多样性，为全市水生态文明建设提供可靠的水生态涵养保护屏障。

2. 中部冲积平原生态修复区

（1）区域范围。该区位于潍坊市中部冲积平原区域，主要包括寿光市、昌邑市南部，青州市、诸城市北部及奎文区、坊子区、潍城区、寒亭区、昌乐县、安丘市、高密市等区域。海拔为 7～100m，区域面积 6597km² ，约占全市总面积的 41%。

（2）区域特点。该区地势较平坦，是潍坊市农业生产及城市建设的中心区域。西部为以蔬菜、花卉苗木、粮食生产等为主的农业区，中部为中心城区核心区。区域位于河流中游，水资源较缺乏。人口密集、经济发达、用水需求大、污染负荷重、水生态系统胁迫压力大。如何修复水生态环境，解决好区域经济社会健康发展与水生态环境保护之间的矛盾是本区需要解决的关键问题。

（3）水生态功能定位。该区位于潍坊核心发展区，是提升市区战略的主战场，水生态功能定位为水生态修复、城市滨水生态景观廊道。

（4）建设思路。该区城市密集，经济社会发展较快，公众亲水愿望强烈，对生态环境的要求较高。但由于区域水资源不足，水体纳污负荷较重，水生态恶化与水环境污染现象较严重，存在大面积的地下水超采区。因此，在开展中部平原区水生态文明建设时，要统筹兼顾经济发展和生态保护双重需求，综合采取污染防治、生态修复、滨水景观等多种举措，开展城镇污水集中收集处理、水系连通、生态河道治理、水系绿化、生态湿地公园建设、地下水超采区治理等内容，修复区域水生态环境，为公众提供良好的亲水乐水空间。

3. 北部滨海滩涂生态改造区

（1）区域范围。该区位于潍坊市北部沿海，包括寿光市、昌邑市的北部及滨海经济开发区，海拔高度低于 7m，是潍坊市海拔最低的区域，潍坊市主要河流潍河、弥河、胶莱河都由此入海。区域面积 3900km²，约占全市总面积的 24%。

（2）区域特点。该区地势平坦，土壤盐渍化严重，自然植被稀少，存在大面积的海咸水区。该区是潍坊市水资源量最少、水生态环境最脆弱、人水矛盾最突出的地区。同时又是潍坊突破滨海战略的重点区域，是潍坊未来经济发展的高地，水生态文明建设需求迫切。

（3）水生态功能定位。该区主要面临水资源短缺、水生态脆弱、土壤盐渍化严重和海咸水入侵等问题，水生态功能定位为水生态改造、滨海生态防护带。

（4）建设思路。潍坊北部滨海滩涂区水生态文明建设应以生态改造为主、适度进行经济开发，通过建设平原水库、水系连通、沿海生态防护林、盐碱地生态改良、海咸水入侵综合治理、入海河口滩涂湿地等工程，改造区域水生态环境，实现人水和谐发展。

依照水生态功能分区的差异，潍坊市水生态文明分区规划思路见表 5-1。

5.2 规 划 思 路

表 5 - 1 　　　　　　　　　　分区规划思路汇总表

分区		区域范围	区域特点	水生态功能定位	主要问题	分区建设思路
水生态功能分区	南部低山丘陵生态保护区	青州市南部、临朐县、安丘市西南部及诸城市南部区域，海拔高度在100m以上，区域面积5654km²，约占全市总面积的35%	地形陡峭，生物多样性丰富，植被覆盖度较高，生态本底较好，同时局部存在生态敏感区。区域水库密集，水资源较充沛	水生态保育、水源涵养	水土流失、面源污染、水源地保护等	以生态保护为主。开展清洁型小流域建设，建设水源拦蓄工程，营造水土保持林和水源涵养林，加强农业面源综合治理，加强水源地保护
	中部冲积平原生态修复区	寿光市、昌邑市南部，青州市、诸城市北部及奎文区、坊子区、潍城区、寒亭区、昌乐县、安丘市、高密市等区域。海拔高度为7～100m，区域面积6597km²，约占全市总面积的41%	地势较平坦，水资源较缺乏。人口密集、经济发达、用水需求大、污染负荷重、水生态系统胁迫压力大	水生态修复、城市滨水生态景观廊道	水质恶化、水生态退化、水资源不足，生态用水量难以保障，地下水超采区等	以生态修复为主。城镇污水集中收集处理、中水回用、水系连通、生态河道治理、水系绿化、生态湿地建设、地下水超采区治理、滨水景观建设等
	北部滨海滩涂生态改造区	寿光市、昌邑市的北部及滨海经济开发区，海拔高度低于7m。区域面积3900km²，约占全市总面积的24%	地势平坦，土壤盐渍化严重，自然植被稀少，存在大面积的海咸水区，水资源供需矛盾突出	水生态改造、滨海生态防护带	水资源短缺，生态脆弱、土壤盐碱化、海水入侵、水体污染等	以生态改造为主。平原水库建设、海咸水入侵综合防治、滨海滩涂湿地、河口湿地、生态改造、非常规水利用等

5.3　建设目标

5.3.1　总体目标

通过努力，使潍坊市最严格水资源管理制度得到有效落实，全面建立"三条红线"和"四项制度"；基本建成节水型社会，用水总量得到有效控制，用水效率和效益显著提高；基本建成"河河相连、库河相连、库库相连、河渠相连"的现代水网格局，形成覆盖全市的输、蓄、泄、供畅通的现代水网体系，形成科学合理的水资源配置格局，防洪保安能力、供水保障能力、水资源承载能力显著增强；水资源保护与河湖健康保障体系基本建成，水功能区水质明显改善，城镇供水水源地水质全面达标，生态脆弱河流和地区水生态得到有效修复；水资源管理与保护体制基本理顺，水生态文明理念深入人心；打造"水润鸢都，潍美天下"的水生态文明建设总体格局，使潍坊市成为制度文明、行为文明、环境文明、认知文明的"山青、水净、河畅、岸绿、景美"的全国水生态文明建设典范。

（1）南部低山丘陵生态保护区。针对该区水土流失、面源污染、水源地保护等问题，以生态保护为重点，综合采取小流域综合治理、水源拦蓄、面源污染综合整治、水源地保护等措施，减少水土流失、保障水库水质、维系生物多样性，实现"青山绿水、林丰草茂、鸟语花香"的水生态文明建设目标。

（2）中部冲积平原生态修复区。针对该区水资源不足、水体纳污负荷较重、地下水超采、水生态恶化、水污染较严重等问题，以生态修复为主，综合采取城镇污水集中收集处理、水系连通、生态河道治理、水系绿化、生态湿地公园建设、地下水超采区治理等措施，修复区域水生态环境，为公众提供良好的亲水乐水空间，实现"河畅水清、岸绿景美、鱼跃莺啼"的水生态文明建设目标。

（3）北部滨海滩涂生态改造区。针对该区存在的水资源短缺、生态脆弱、土壤盐碱化、海水入侵、水体污染等问题，以生态改造为主，综合采取平原水库、水系连通、盐碱地生态改良、海咸水入侵综合治理、入海河口滩涂湿地等措施，改造区域水生态环境，实现"柽柳绿林、碱蓬红毯、碧海蓝湾"的水生态文明建设目标。

5.3.2 具体目标

（1）以最严格的水资源管理为总抓手，以水系连通工程建设为主要手段构建水资源支撑保障体系，实现水资源高效持续利用。确立"三条红线"和"四项制度"，严格实行最严格水资源管理制度。按照开源、节流、挖潜和水资源循环利用的思路，加快构建水系连通工程，在有条件的地区新建水库和河道拦蓄工程，充分利用雨洪水资源，加快推进节水型社会建设进程，建设"海绵城市"和"海绵家园"，逐步提高水资源循环利用率，基本建成库河贯通、蓄排结合、调丰济枯的水资源支撑保障体系，实现水资源的高效持续利用。

（2）以水污染防治和水环境治理为关键举措，构建水生态保护体系，实现水生态系统健康完整。对潍坊市流域面积 $50km^2$ 以上的103 条河道以及其他中小河流的重点河段进行生态综合整治，在满足防洪要求的前提下，恢复河道生态功能，构建完善的水生态保护网络。加快建设污水处理厂排水口人工湿地工程，确立区域水生态保护格局，沿河湿地的水生态系统得到修复与保护，重点区域生物多样性和环境得以改善。加快推进潍坊市地下水超采区和海咸水入侵区综合治理工程，确保地下水超采区和海咸水入侵区面积每年缩小 5％以上。

（3）以水利风景区和滨水景观建设为主要内容，构建水景观文化体系，彰显鸢都特色。以潍河、弥河、白浪河等大中型河道等作为水文化建设的主要载体，建成一批滨水生态景观节点，使城乡水景观进一步得到提升，在有条件的区域建设水利风景区，着力营造城乡居民亲水乐水场所。基本确立水生态文明理念，全社会水资源节约保护意识增强，具有典型潍坊特色的水文化得到传承与发展。

（4）以河道综合治理和防潮堤建设为有效手段，构建水安全保障体系，提供基本安全保障。水安全是潍坊市水生态文明建设的基本前提，通过对全市河道、防潮堤、水库、塘坝、水闸等进行全面治理，实施农村饮水安全工程，为潍坊市水生态文明建设提供必要的安全屏障和生态保障。

（5）以培育理性自觉文明意识为核心目标，构建水生态文明宣传教育体系，实现水生态意识文明和行为文明。以培育理性自觉文明意识为核心目标，加强水生态文明宣传教育，在潍坊市城乡居民中间营造良好的水文化、水管理制度和节水用水新风尚，在全社会培育理性自觉的水生态文明意识，使尊重自然、人水和谐的理念深入人心。

（6）打造"水润鸢都，潍美天下"的水生态文明建设格局，实现"生态潍坊、美丽潍坊、文明潍坊"的目标。通过综合采取水资源优化调配、水生态保护与修复、水景观文化打造、水生态文明宣传教育和健全水生态文明管理制度等措施，打造"水润鸢都，潍美天下"的水生态文明建设格局，实现"生态潍坊、美丽潍坊、文明潍坊"的目标。

第6章 水生态文明建设总体
布局与主要任务

6.1 总体布局

依据潍坊市生态功能与地域特色，统筹考虑全市水生态文明建设重点，综合采取最严格的水资源管理措施、水资源优化调配措施、水生态保护与修复措施、水安全保障措施、水文化景观措施等，形成覆盖全市范围的生态功能完善、协调统一、健康和谐的水生态文明建设格局，建成"山、水、林、田、湖"相融合的美丽潍坊，塑造"水润鸢都，潍美天下"的水生态文明建设形象，实现人水和谐发展。

潍坊市水生态文明建设总体布局可以概况为："三区三轴妆翠黛，百河千库映芳华。六措并举润鸢都，人水和谐美天下。"

三区三轴妆翠黛：指在南部低山丘陵生态保护区、中部冲积平原生态修复区、北部滨海滩涂生态改造区分别开展水生态文明建设，同时将潍河、弥河、白浪河打造成为三条贯彻潍坊南北的生态景观主轴。

百河千库映芳华：指对潍坊市的河流、水库、塘坝、坑塘等综合采取水生态环境综合整治措施，治理面源污染和点源污染，确保入河入库水质达标，适当建设滨水景观，改善水系生态环境。

六措并举润鸢都：指综合采取水资源优化配置措施、水生态保护与修复措施、水景观文化措施、水安全保障措施、水生态文明宣传教育措施和水生态文明管理措施等六种措施，进一步提高水资源支撑保障能力，改善水系生态环境，润泽潍坊全市。

人水和谐美天下：指潍坊市通过全面开展水生态文明建设，将实现人水和谐发展，成为国内外水生态文明建设典范，使生态文明潍坊美名扬天下。

6.2　主要任务

根据规划目标和总体布局，结合潍坊市水生态文明建设的现状和需求，确定潍坊市水生态文明建设的主要任务包括水资源优化配置措施、水生态保护与修复措施、水景观文化措施、水安全保障措施、水生态文明宣传教育措施和水生态文明建设管理措施等六方面24项内容，如图6-1所示。

6.3　水资源优化配置措施

6.3.1　基本思路

水资源是水生态文明建设的基础资源支撑。为了全面提高潍坊市的水资源支撑保障能力，实现全市水资源的高效持续利用，要以最严格的水资源管理为总抓手，以水系连通工程建设为主要途径，按照"优先利用客水、合理利用地表水、控制开采地下水、充分利用雨洪水、推广利用再生水"的水资源开发利用思路，综合采取节流、开源、挖潜、水系连通和循环利用等措施，补充水资源可利用量，提高水资源利用率，增强水资源支撑保障能力。

1. 节水优先，全面建设节水型社会

节水优先，以水定需，杜绝水资源浪费，积极发展农业节水、工业节水技术和节水器具，从观念、意识、措施等方面都要将节水放在首位。

（1）重点加强农业节水。按照"耕地灌区化、灌区节水化、节水长效化"的农田水利发展思路和"统一规划布局、统一水源配置、统一技术标准、统一稽查验收、统一管理体制、统一调度运

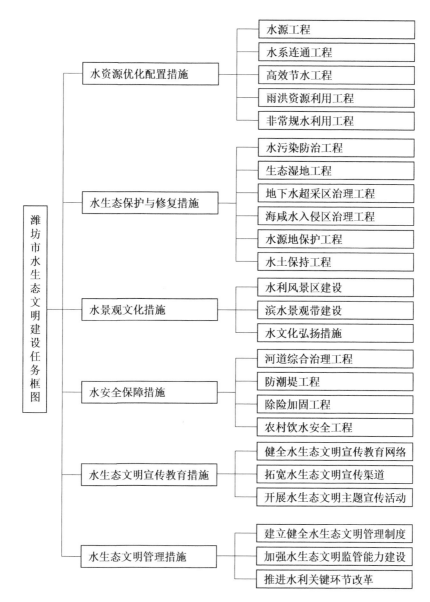

图 6-1 潍坊市水生态文明建设主要任务框图

行"的建管模式,加快建设全市旱能浇、涝能排的高标准农田,开展灌区续建配套与节水改造,发展渠道灌溉、低压管灌溉、喷灌、微灌等节水灌溉技术,改变传统粗放型用水方式,控制化肥、农药等使用强度,增加农业节水灌溉率,提高农田灌溉水有效利用系数，建设现代节水农业。

（2）加强工业节水。加强计划用水和定额管理，建立健全节水激励机制和市场准入标准，强化节水约束性指标考核，严格进行高耗水、高用水等行业项目论证，加强用水过程监管，采取高用水行业差别水价以及丰枯水价等措施促进节水。通过工业布局和产品结构调整、技术改造、水源替代、循环利用、采用先进节水工艺、禁止生产销售高耗水设备和产品、加强污水处理回用等促进全过程多环节节水，逐步实现污水零排放。

（3）加强生活节水。加强城乡供水管网改造与维护，进一步降低公共供水管网漏损率，推广使用节水器具，探索实施分质供水。

2. 广开水源，加快解决区域缺水问题

在全面分析潍坊潍河流域、弥河流域和白浪河流域三大流域水系分布特点的基础上，在保护生态环境的前提下，合理规划布局，续建、新建一批大中小型水库工程、河道拦蓄工程和水库增容工程，增加水资源调蓄利用能力，加快解决潍坊市工程性缺水和区域性缺水问题，满足经济社会发展和生态用水需求。

（1）南部低山丘陵生态保护区水源拦蓄工程建设。潍坊南部低山丘陵生态保护区水资源相对充沛，在满足本区水资源利用和保证河道基本下泄流量的前提下，因地制宜建设一批山丘区水库和河道拦蓄工程，把潍弥白三大流域上游的水蓄存起来，通过水系连通工程，调配到流域中游和滨海等缺水地区。

（2）中部冲积平原生态修复区河道拦蓄工程建设。潍坊中部平原区处于河道中游，地势平坦，人口密集，河网密布。重点建设拦河闸坝等拦蓄工程，蓄存上游来水，补充地下水，满足本区"三生"用水需求。

（3）北部滨海滩涂生态改造区水源工程建设。潍坊北部滨海地区水资源缺乏，生态脆弱，且位于河流末端，地广人稀，平原水库建设条件较好。因此，在该区要重点建设拦河闸坝、防潮闸、北部水网和平原水库等工程，形成淡水入海前的最后一道拦蓄利用屏障，以加大汛期雨洪资源的利用力度。

3. 增容挖潜, 充分利用雨洪资源

科学开发利用雨洪资源, 是破解缺水之困, 增加水资源可利用量的主要措施之一。

(1) 水库扩容工程建设。重点对具有扩容潜力的水库进行可行性论证, 通过采取扩容工程实现蓄水增效。

(2) 提高水库兴利水位。在确保防洪度汛安全的前提下, 对具有提供兴利水位的水库进行科学论证, 并科学调度。

(3) 恢复设计兴利水位。规划对牟山水库和嵩山水库等水库恢复设计兴利水位。

(4) 探索汛限水位动态调控方案。对峡山水库、牟山水库、高崖水库、冶源水库、墙夼水库等开展汛限水位动态调控方案研究, 基于流域降水及洪水预报探索动态汛限水位调控方式, 在洪水来临前提前向下游放水, 腾空部分库容, 补充潍河、弥河、白浪河下游河道及湿地水源, 此下泄水量在第二次洪水期来临前可被下游地下水库、工农业用水、生活用水及生态用水利用, 同时又可利用后续洪水可将水位调蓄到正常蓄水位, 从而达到充分利用雨洪资源, 提高水资源利用率的目的。

4. 水系连通, 加快构建潍坊现代水网

继续建设完善潍坊市水系连通工程, 加快构建潍坊现代水网。

(1) 继续推进潍河、弥河、白浪河三大流域串联工程。结合潍坊市河流布局和水资源调配需求, 建设水系连通工程, 串联起潍河流域、弥河流域和白浪河流域, 分别形成潍坊北部水网、中部水网和南部水网, 三个区域水网又通过各大中型水库和骨干河道相互串联, 在潍坊市构成"河河相连、河湖相连、库河相连、库库相连、河渠相连"的现代水网格局, 形成覆盖全市的输、蓄、泄、供畅通的大水系网络。

(2) 实施引黄引江水系连通工程, 提高外调水利用水平。将长江水和黄河水合理作为常规水资源, 与当地水统一配置, 优先利用客水; 建设完备的引黄、引江配套工程体系, 与当地水网互联互通。

5. 循环利用，加大非常规水利用力度

贯彻循环水利理念，提高水资源循环利用率。学习国内外先进经验，生产、生活废水进入污水处理厂处理达标排放后，继续通过人工湿地开展深度净化，之后进入河道，补充河道水源。经过河道沿程净化达到水功能区和用水标准要求后，在下游再次取用，作为工农业生产和生态景观用水，如此循环往复，实现水资源的循环利用。

（1）加大再生水回用力度。消灭污水直排现象，污水全部收集进入污水处理厂，达标排放后进行回用。鼓励厂矿企业利用再生水作为工业用水水源，减少工业用水中新鲜取水量的比例。

（2）加大微咸水利用力度。滨海地区农业通过创建种、植、养、殖结合的高效生态模式农业加大微咸水利用力度。鼓励滨海地区工业利用微咸水作为工业循环冷却水，加大微咸水在工业中的应用。鼓励微咸水在生活和城市绿化中的应用，在滨海区、昌邑等地区鼓励将咸水用于喷洒道路、消防、游泳池、喷水池、浇灌城市草坪绿地、补充湖塘水体养鱼用水等。

（3）加大海水利用工作力度。在寿光、滨海和昌邑等地区探索海水直接利用、海水淡化技术，建设海水淡化综合利用项目，逐步扩大海水利用程度。

6.3.2　水源工程

水源工程主要包括新建水库工程、塘坝工程及拦河闸坝工程等内容。可根据水资源分布情况和水资源调配情况，在合适的地方规划新建水库工程。同时在南部山区结合小流域治理新建塘坝，以提高小流域水源保障能力。重点在潍坊市三大水系适地建设水源拦蓄设施，以提升河道蓄水能力，实现层层拦蓄水资源。

6.3.3　水系连通工程

为解决水资源时空分布不均的问题，潍坊市研究提出了"多库串联、库河串联、水系联网，优化调度配置水资源"的水网建设思路，并相继建设了引黄入峡（一期）、潍北平原水库调水工程、白浪河水系联网、四河串联等一大批水系连通工程，取得了较好的综合效益。根据水生态文明建设的需求，需结合水资源分布情况和调水需求，规划新建水系连通工程，实现水资源在弥河流域、白浪河流域和潍河流域的高效调配。

6.3.4 高效节水工程

潍坊市高效节水工程主要包括农业节水工程、工业节水工程和生活节水工程等。

农业节水工程包括大中型灌区续建配套与节水改造、小微型农田基础设施建设、农业高效节水灌溉、高标准农田建设、小型水源工程等内容。规划以完善田间灌溉渠系、发展节水灌溉为重点，加快推进田间工程配套改造；在已经完成续建配套与节水改造的大中型灌区，抓好末级渠系工程建设，整修衬砌田间渠道，配套渠系建筑物；实施小型灌区节水配套，突出抓好小型水库灌区规范化建设；在提水灌区、水库灌区、井灌区大力发展管道输水灌溉；在高效经济作物种植区，重点推广喷灌、微灌、小管出流等高效节水灌溉。

工业节水工程以降低工业企业取水量和排污量为主要目标，以降低万元工业增加值取水量和提高工业用水重复利用率为主要评价指标。重点挖掘全市火力发电、化工、造纸、冶金、纺织、水泥、食品等高耗水行业节水潜力，以政府扶持监管，企业建设实施为主。

生活节水工程主要包括：①加强城市供水管网节水改造工作，降低管网漏失率，减少输水过程中的渗漏损失，同时实施"一户一表、计量出户"改造；②对节水产品进行认证，提高节水器具普及率，开展节水器具推广示范；③开展中水利用示范，建设中水管道系统，实行分质供水，同时兴建雨水收集系统，用作生活杂用水等；④加强宣传和管理，利用各种宣传媒体，加强节水宣传工作，同时制定和实施合理的水价，促进供水工程良性循环等。

6.3.5　雨洪水资源利用工程

雨洪水资源资源利用工程主要包括对具有扩容潜力水库进行扩容改建；在确保防洪度汛安全前提下对部分水库抬高兴利水位以提高库容；在全市范围内开展海绵城市建设，开展建筑与小区低影响开发技术示范、城市道路低影响开发技术示范、绿地与广场低影响开发技术示范等海绵城市建设示范工作。

6.3.6　非常规水利用工程

非常规水利用是提高水资源可利用量、缓解用水供需矛盾的重要途径。潍坊市非常规水利用工程主要包括再生水利用工程、微咸水利用工程和海水利用工程等内容。

1. 再生水利用工程

按照"统一规划、分期实施、发展用户、分质供水"和"集中利用为主、分散利用为辅"的原则，结合再生水水源、潜在用户分布情况、水质水量要求和输配水方式等因素，积极稳妥地推进再生水利用设施建设。规划依托城市污水处理厂，重点实施中水回用系统、中水回用管道及泵站建设等内容。对已建污水处理厂，采用工艺成熟的传统深度处理工艺将城市污水厂出水深度处理为一般回用水水质，回用于工业冷却、市政杂用、景观用水等；对于新建污水处理厂，采用工艺先进、简约紧凑的技术模式，将再生水回用于工业、景观环境、绿地灌溉、农田灌溉、城市杂用和地下水回灌等多个方面，再生水处理设施与污水处理厂协同建设。

2. 微咸水利用工程

潍坊市微咸水主要分布在寿光、寒亭、昌邑和滨海新区，年均可开采量 1200 万 m^3 以上，现状部分小规模化工厂采用微咸水作为工业用水，但用水规模仍偏小，微咸水在潍坊市主要用来涵养地下水源，尚未得到规模利用。

微咸水可利用于农业灌溉、工业冷却用水、化工取水等，规划实施微咸水农业灌溉示范工程、渔业生产示范工程、工业利用示范工程、淡化利用示范工程等内容，提高潍坊市微咸水利用水平。

3. 海水利用工程

潍坊北部寿光、滨海、昌邑地区拥有丰富的海洋资源，海水利用多用于沿海地区企业，目前主要用于海洋化工产业中的化学元素提取，部分企业使用海水作为工业冷却水。合理利用丰富的海水资源，是解决滨海地区淡水缺乏的有效途径，规划采取直接利用和淡化利用两种方式开展海水利用工作。

（1）海水直接利用工程。推广海水循环冷却技术，逐步提高海水作为电力、化工、石化等企业循环冷却用水利用量，缓解滨海地区水源短缺和水价攀升带来的用水问题。

（2）海水淡化利用工程。采用蒸馏法、反渗透法和电渗析法等成熟的海水淡化工艺，兴建海水淡化水厂，配套供水管网等设施。

此外，加快制定潍坊市再生水利用、微咸水利用、海水利用等专项规划和鼓励政策，加大非常规水利用新技术的开发与推广投入，逐步降低用水成本，是提高非常规水利用水平的有效手段。

6.4 水生态保护与修复措施

6.4.1 基本思路

水生态系统是水生态文明的自然载体。开展水生态保护与修复，是解决潍坊市水体污染、地下水漏斗、海水入侵、水土流失、生态退化等问题的必然要求。为了恢复全市水生态系统的健康完整，规划遵循预防为主、防治结合、综合治理、自我修复的原则，以污染物源头控制和水环境综合整治为主要手段，采取水污染防治、生态湿地建设、地下水超采区综合治理、海咸水入侵区综合治理、水源地保护、水土保持等措施，地下、地上相互结合，流域上中下游有机联动，构建健康、稳定、完整、可持续的水生态保护网络格局。

1. 加强污染物源头控制，完善污水处理设施

从污染物产生的源头做起，推行清洁生产，发展循环经济和生

态农业，调整产业结构，削减水污染物产生量和排放量，提高污水处理能力和水平，增强水体自净能力，逐步使水体水质满足水功能区划要求。

（1）强化工业点源治理。按照相关行业及区域水污染物排放标准要求，以造纸、化工、纺织等潍坊市主要污染行业为重点，挖掘治污潜力，建设污水深度处理设施，严格污染物总量控制，在工业园区大力发展循环经济，开展清洁生产审核，逐步淘汰落后的生产工艺和设备，不断降低单位产品污染物产生强度，降低水污染物排放量。

（2）完善城镇污水处理设施。不断完善城镇污水收集管网系统，加快城区及各建制镇污水处理厂规划和污水收集管网建设，实施现有污水处理厂扩容及提标改造，逐步提高污水处理能力和出水水质。采取多种污水处理方式，对尚无污水收集管网的地区，采取分散与集中处理相结合的方式；在有条件的地方，建立和完善污水收集、处理系统，提高污水收集与处理率。

（3）开展面源污染综合整治。逐步建立面源污染处理体系，尤其在重要水库、河道等水域上游，通过建设植被缓冲带、氧化塘、沼气池等措施，结合农村环境连片综合整治和新农村建设，充分利用土地和植被的净化能力，截留净化农业和农村径流中的氮、磷等污染物，同时对畜禽养殖污染、水产养殖污染和城市面源污染进行综合治理。

2. 因地制宜，建设多种类型的生态湿地

利用湿地涵养水源、净化水质、调节气候、生态保育等多重功能，在重要水库上游处、河道滩地宽浅处、河流汇流口、河道入海口处、低洼处等适宜建设湿地的区域，因地制宜地建设多种类型的生态湿地。

（1）以水质保障为目标的水库上游生态湿地建设。潍坊市域南部水库众多，大多承担着向城乡供水的任务，对水质有着较高的要求，但又易受上游水土流失、面源污染的影响发生水质恶化，规划利用水库上游浅滩等未利用区域，恢复成自然湿地，构建保障入库水质的自然屏障。

（2）以水质净化为目标的排污口下游人工湿地建设。潍坊市现有城市污水处理出水标准多已达到一级 A 标准，虽然能够满足排放标准要求，但距受纳水体水功能区划要求仍有较大差距，规划利用污水处理厂排污口下游河道滩地、坑塘、洼地等，建设人工湿地，对污水处理厂排水进行深度处理，提高出水水质，同时有利于中水回用。

（3）以河流生态修复为目标的河道走廊湿地建设。潍坊境内河流水系众多，潍河、弥河、白浪河三大水系中下游河道宽阔，规划利用河道内侧滩地等滨水区域，建设沿河岸的廊道型自然湿地，既能够提高河流的生物多样性，又能够修复河道水质。

（4）以生态改造为目标的滨海滩涂湿地建设。潍坊具有广阔的滨海滩涂，现状利用率较低，生态环境较差，规划结合北部水网、沿海生态防护带建设，通过生态防护林、入海口湿地、植被恢复等措施，恢复滩涂湿地，构建北部生态防护体系。

3. 采补平衡，多措并举修复受损地下水环境

造成潍坊市中部地区地下水超采区形成的根本原因在于地下水的长期严重超采，因此，规划采取开源、节流、管理、保护、补给等措施，逐步减少地下水开采，修复中部地区地下水环境。

（1）采补平衡，减少地下水开采量。加强地下水超采地区雨洪资源利用程度，提高地表水资源拦蓄量，控制地表水资源流失，同时充分利用再生水、微咸水等非常规水源，实现一水多用和循环利用。实施引调水工程，利用市域南部丰富的地表水资源及外部引黄引江调水资源置换地下水资源，减少超采区地下水的开采。

（2）加强地表回灌，逐步补充地下水。实施回灌补源工程，在超采区适宜河段兴建地表水拦蓄工程和渗井、渗渠等回灌工程，采取拦、截、引、调、蓄、渗等综合措施，将地表水转化为地下水，补充地下水源。

（3）严格地下水资源保护与管理。对地表水、地下水资源施行统一规划、统一管理、统一调配，优先使用地表水，中部和北部地

区严格控制地下水的开采。制定地下水保护与修复规划，科学划定地下水禁采区、限采区，地上、地下联合调度。建立地下水动态监测网，逐步推动实现地下水采补平衡。

4. 蓄淡压咸，推进北部海咸水入侵区治理

造成潍坊市北部地区海咸水入侵的原因主要为区域降雨量偏少、地下水的超量开采和上游径流补给量不足三个方面，其中水资源匮乏引发的地下水超采是造成北部区域海咸水入侵的根本原因，由于海咸水入侵与地下水的变化具有密切的关系，因此，海咸水入侵治理必须结合地下水超采区治理进行。

（1）合理控制地下水开采量。严格控制咸、淡水变化带南侧地下水的开采，削减已有超采区的地下水开采强度和开采量，避免海咸水入侵区进一步向南扩大；加大对卤水的开采量，降低咸水区的地下水水位，并使南北两侧的地下卤水向中部汇集。

（2）完善北部沿海生态防护体系。在已建海堤基础上，进一步完善潍坊市沿海生态防护体系，在入海河口及重点地段修筑防潮堤、防潮闸，阻挡海水沿河道上溯南侵，同时结合海堤防护林带、北部生态水网、生态湿地建设，形成一条横贯东西的沿海生态防护带。

（3）蓄淡补源、人工回灌。利用北部滨海区域处于河道下游，汛期弃水较为丰富的有利条件，在潍北平原咸淡水界面区域，大力兴建地表拦蓄工程，有条件的区域建设地下水库，适地建设渗渠、渗井等设施，开展人工回灌，增加对地下含水层的补给，形成淡水帷幕，加大咸水、淡水的水位差，防治海咸水入侵继续南侵。

（4）建立咸淡水界面监测与预警系统。在潍坊市北部沿海砂质、泥砂质低平原和河口等海咸水入侵区，建立海咸水入侵三维监测网络，对入侵情况进行实时监测，利用数值模拟技术建立海咸水入侵评价预测平台，实现海咸水入侵的有效监控和预报，为海咸水入侵防治提供实时信息和基础数据。

5. 构筑三道防线，强化水源地保护与管理

潍坊市地表水源地主要为境内的多座大中型水库，规划在作为

水源地的水库周边建立环库生态保护带，通过加大植树造林力度，加强面源点源污染治理，环库生态湿地建设，构筑三道防线，有效减少污染，保障库区水质。同时强化水质、动植物保护监测与防控网络体系建设，提高水源地监管能力。

（1）构建以水土保持为主的生态修复防线。在水源地上游中低山区域重点开展水土保持和生态修复，采取"封、退、育"的方式，实施全面封禁、退耕还林还草、植树造林等措施，增加植被覆盖度，强化水源涵养，减少水土流失和人为活动，充分发挥上游水源涵养功能。

（2）构建以面源污染治理为主的生态治理防线。在环库生态保护带中部人口相对密集的浅山、山麓、坡脚等区域，采取"节、治、调"的方式，控制化肥农药施用、调整农业种植结构、发展生态农业、农村环境综合整治等方式，控制面源污染和水土流失，减少农业、农村污染物入库量。

（3）构建以生态湿地修复为主的生态保护防线。在水库上游入库河道两侧和水库周边适宜区域，采取"清、育、保"的方式，清理河道垃圾、障碍物等无关设施，保育植被，恢复湿地，发挥湿地的水质净化和植被的生态缓冲功能，建设环湖生态隔离带，营造并维系水库周边良好的生态环境。

（4）完善水源地监督管理体系，提高监测预警能力。潍坊市水源地众多，水库环境优美，许多地方已创建水利风景区，因此必须协调好保护与开发的关系，坚持开发与生态保护相结合的原则，严防过度开发对环境造成破坏；加强对库区的管理，健全水质监测、监督预警、污染防控体系；同时加强对地下水水源地的保护。

6．以建设清洁型小流域为重点，推进水土流失治理

潍坊市水土流失重点治理区主要集中在南部低山丘陵区和北部风沙区，规划继续开展水土流失综合治理，以大流域为骨干，小流域为单元，山、水、田、林、路、村统一规划，实施生态清洁小流域和风沙区综合治理工程。

（1）实施南部小流域水土流失综合治理。在南部水土流失重点

治理区继续实施以小流域治理为重点的水土流失治理工作，采取以生态修复、面源整治为中心的生态清洁型小流域治理模式。在流域上游进行封山育林禁牧，减少人为活动，加强植树造林，提高水源涵养能力；在流域中游实行坡改梯，建设谷坊、蓄水池等农田水利水保设施，实行等高陇作等措施，发展节水灌溉，推行高效生态农业，大力发展经济林果；在流域下游和沟道出口处建设生态湿地，改善流域沟道出水水质。

（2）实施北部风沙区水土流失综合治理。对于市域北部寿光、昌邑等兼有风力侵蚀和水力侵蚀的风沙地区，采取构建农田防护林网为中心的水土流失综合治理模式。农田防护林与农田基本建设同时规划，同时实施，规划在渠、路、田边种植林带，构成纵横交错的农田林网，同时结合水保林、经果林、排灌沟渠、土地整理建设，减少水土流失。

（3）继续加强水土保持监管能力建设。按照"五完善、五到位、五规范、五健全"的总体要求，进一步完善水土保持配套法规体系，增强水土保持监督管理机构履行职责能力，规范水土保持监督管理工作，健全水土保持监督管理制度，提高生产建设项目水土保持方案管理，重点开展加强对生产建设项目的监督检查、完善水保档案资料和建立健全水保数据库工作。

（4）积极创建国家水土保持生态文明工程。树立生态文明理念，按照生态文明的要求，加强水土流失综合治理技术创新，开展国家水土保持生态文明综合治理工程、国家水土保持生态文明清洁小流域建设工程及生产建设项目国家水土保持生态文明工程创建工作，推动水土保持技术的示范与推广。

6.4.2　水污染防治工程

水污染防治工程以改善全市水环境质量、维护人民群众身体健康、保障水生态安全为主要目标，以污染物总量控制为抓手，以保障水体功能和饮水安全为重点，以维护水环境生态系统良性循环为着力点，主要包括污水收集管网建设、污水处理厂建设、面源污染防治等内容。

6.4.2.1 污水收集管网建设

进一步完善污水处理厂配套管网，按照"厂网并举、管网优先"的原则，根据各县（市、区）城市发展情况，加强城市污水管网建设，推进雨污分流和现有合流管网系统改造，提高污水管网覆盖率及污水收集率，彻底消除市、县两级城区污水直排现象。逐步推进初期雨水收集与处理，新建管网宜采取雨污分，污水管网工程与污水处理厂实现同步建设、同步投入使用。同时，加快全市各镇区污水收集配套管网建设，解决农村生活污水及分散工业废水收集处理问题。

规划重点实施各县（市、区）雨污分流系统建设，尽快消除雨污合流对污水处理厂造成的冲击影响，并根据城市发展情况，逐步实施新建城区、工业园区、镇区污水管网建设及延伸。

6.4.2.2 污水处理厂建设

1. 新建污水处理厂

规划在现有污水处理厂的基础上，根据污水处理设施分布及城乡污水量增长预测情况，新建城市污水处理厂及镇区污水处理厂或小型污水处理设施，并同步建设污泥处理处置工程。

2. 污水处理厂提标改造

考虑到即便污水处理厂排放标准提升到一级 A 标准，按照《地表水环境质量标准》（GB 3838—2002）进行评价，尚属于劣 Ⅴ 类水，距水功能区规定水质仍有一定差距。因此，为了更好地满足水污染防治的要求，早日实现全市超标水功能区达标，规划按照国家规定的排放标准进行污水达标排放治理的同时，探索实施污水深度净化处理与水质提升工程，实现排污标准与水功能区水质标准的逐步统一衔接，进一步提高全市水环境质量。

6.4.2.3 面源污染防治

1. 种植业污染防治

全面开展测土配方施肥技术，扩大测土配方施肥面积；完善土壤墒情监测，建立科学施肥指标体系；推进水肥一体化示范点、示范园创建工作，提高水肥利用效率；推广实施绿色控害技术，建立病虫害草监测网络，减少农药使用量；推进农村沼气工程建设，提高秸秆综合利用率；实施标准化基地建设工程，调整与优化种植结构，发展生态农业、循环农业，不断扩大标准化基地面积。

2. 畜禽养殖业污染防治

开展畜禽养殖污染综合整治，科学划定禁养区、限养区，尤其是在水源地上游，逐步推进禁养区内畜禽养殖清理工作；推动规模化、集约化养殖，规模化畜禽养殖场区全部配套建设畜禽粪污处理设施，新建一批畜禽粪污处理设施示范工程，推广无害化畜禽粪污处理技术。

3. 农村生活污染防治

建立和完善农村生活污染处理长效机制，实施农村环境综合整治。重点解决影响群众健康和农村人居环境的突出环境问题，推进生活垃圾的定点存放，统一收集，定时清理，集中处理，改善农村环境卫生状况和村容村貌，实现"清洁水源、清洁家园、清洁田园"。结合新农村建设，推广畜—沼—肥生态养殖方式，因地制宜实施集中式沼气工程，建设粪便、生活垃圾等有机废弃物处理设施。加快生态示范区建设步伐，积极开展生态镇、生态村等创建活动。

6.4.3   生态湿地工程

1. 水库上游生态湿地工程

建设环库生态防护隔离带，进行乔灌草结合绿化美化；实施退耕还湿、退耕还林，逐步消除水库周边潜在污染设施；开展水库消落带植被恢复和库区水生态系统修复，建设环库水生植物带；修建环库管护道路等。规划实施峡山水库等水库上游生态湿地工程建设。

2. 排污口人工湿地工程

利用排污口下游受纳水体、附近洼地等区域，通过地形整理、河道清淤、水系疏通、水生植物种植、生态系统修复等措施，实施城市污水处理厂排污口人工湿地水质净化工程。各污水处理厂根据其污水处理量配建相应的人工净化湿地，对中水进行再处理净化。

3. 河道走廊湿地工程

结合河道堤防加固、生态护坡、河道清淤、水系绿化工程，建设近自然的河道走廊型湿地。河道走廊湿地近似于表流湿地，通过实施水生植物种植、滞留塘建设、绿化美化、水生态系统修复、管护设施建设、游览服务设施建设等内容，逐步恢复河流受损生态环境，建设湿地生态公园。

4. 滨海生态湿地工程

以保护和恢复潍坊市北部自然滨海湿地、丰富湿地资源为主要目标，通过建设芦苇生长区、碱蓬恢复区、生态旅游区、海洋湿地保护区等，重点保护天然芦苇、碱蓬、柽柳、草甸、沙蚕等海洋资源和滨海湿地，恢复河口湿地生态环境，形成以生态保育、休闲观光、科普学习为一体的入海口湿地公园。

6.4.4　地下水超采区治理工程

根据潍坊市地下水超采区分布情况，结合山东省利用亚行贷款地下水超采区域综合治理示范等项目，重点实施青州市水资源优化配置工程、昌乐县地下水超采区域综合治理示范工程、寿光市水资源修复工程、昌邑市地下水超采区综合治理工程等项目，修建地上拦水坝、渗井、渗渠等拦蓄补源配套工程，扩大水资源调蓄利用率，逐步提高地下水位。

6.4.5　海咸水入侵区治理工程

海咸水入侵区治理是一个综合的工程和管理体系，需结合水资源调配工程、地下水修复工程、非常规水源利用工程、防潮堤工程等实施，重点规划建设沿海生态防护带。结合防潮堤、防潮闸、河口湿地和北部水网建设，构建"一河、一堤、一区、两带"的沿海生态保护体系。其中，"一河"为大型人工生态河；"一堤"为沿海防潮堤；"一区"为入海口生态湿地区；"两带"为人工河大堤外的两条生态防护林带。在沿海生态保护体系中，人工生态河横向贯通胶莱河、潍河、白浪河、弥河和小清河五大流域，纵向利用各河流入海河段，储存上游下泄洪水，充分调配各流域的雨洪资源，规划沿海生态河道宽 50～200m，深 3m，长约 150km；沿海防潮堤北可阻挡海水的南侵，南可以储存上游淡水；入海口生态湿地区以保护水资源、天然芦苇、近海海域、近海滩涂、近海动植物等为重点，恢复生物多样性，改善生态环境；生态防护林既可以防护海风和海潮侵袭，又可以涵养地下水源，改善生态环境，形成沿海自然的防护屏障。

6.4.6 水源地保护工程

对潍坊市尚未开展保护或保护工程尚不完善的地表和地下水源地，开展水源地保护工程，主要包括划定生态水源保护区，对区内荒山荒滩进行绿化及配套设施建设，修建环库路，新建护林房屋、管理设施，修建环库隔离带，建设电子防控网络体系设施设备，建设动植物保护监测站等。此外，根据潍坊市地下水水源地（含备用水源地）分布情况，对地下水源地划定地下水水源地保护区，建设水源井隔离、防护设施，设置警示标志，消除水源地周边潜在污染源；制定地下水水源地保护与修复规划，科学划定地下水禁采区、限采区，地上、地下联合调度；建立地下水动态监测网，逐步推动实现地下水采补平衡。

6.4.7 水土保持工程

潍坊市水土流失重点治理区主要集中在临朐、安丘、青州、诸城、昌乐、高密、坊子等市域南部山丘区以及北部寿光、昌邑等平原风沙区，规划针对水土流失区域分布情况，以小流域为单元，实施小流域综合治理、风沙片综合治理及水土保持科技示范园建设，有效减少水土流失面积。

6.5 水景观文化措施

6.5.1 基本思路

潍坊市历史文化资源丰富。结合全市水生态文明建设,将弘扬优秀传统文化与培育水生态文明理念紧密结合,充分发挥潍坊市枕山、襟海、环林、抱湖的自然生态特色,将山体水系、乡镇城郭、历史轴线、文化脉络、开敞水面等要素有机串联,将潍坊的风筝文化、生态文化、山水文化、恐龙文化、酒文化、奇石文化、盐文化、民俗文化等地方特色文化以滨水景观为载体融合到"水润鸢都,潍美天下"的水生态文明品牌下,不断增强其知名度和影响力,打造独具魅力、世界知名的绿色都市。

潍坊市水景观文化按照"点(景观节点)、线(河流景观文化廊道)、面(水利风景区)"的空间组合形成覆盖全市的水景观文化格局。突出水利工程的文化功能,提升美学价值,注重人文关怀,更好地满足全市人民群众的精神文化需求,努力营造亲水休闲、陶冶情操、安居乐业的优美环境和美好家园,为潍坊市的永续发展创造良好的水文化环境。

1. 重点打造城市滨河景观

对各县市城区河段滨水景观进行重点建设,依托拦河闸坝工程建设,形成水面与湿地,同时在河道两侧设置景观广场、亲水平台、滨河公园等设施,满足城市居民日常观景休闲需要,提高城市宜居水平。

对于诸城市、安丘市、临朐县、昌乐县等跨河型城市的滨河景观建设,应注重两岸的协同协调性,结合两岸重要居民点的布局,在河道两岸对称或轮次建设滨水景观。对于昌邑市、青州市、寿光市主城区单侧滨河的景观建设,应在充分考虑未来城市发展布局的基础上,采取差异化的滨水景观建设策略,近城区滨河侧重点建设亲水景观广场和平台等设施,为居民提供亲水乐水场所;河流另一侧则应以自然生态建设为主，促进生态保护和生态修复。

2. 适度建设乡村滨水景观

结合潍坊市新农村建设，在滨河乡村段，因地制宜营造具有区域特色的乡村滨水景观。乡村滨水景观打造应以河道垃圾清除处理、农村坑塘综合整治和河道滨水景观建设为主，尽量建设自然生态型河道，临近村庄侧建设亲水平台、临水广场等设施，适当布设坐凳、健身娱乐设施，满足周边村民的亲水和健身需求。

3. 着力构建潍河、弥河、白浪河三条生态景观文化廊道

结合潍河、弥河、白浪河防洪综合治理工程建设，进行生态景观提升改造，沿线结合城市和乡镇分别布置景观节点，串联起三河流域的历史文化资源，按照文化分布分河段打造不同的景观主体，使之成为贯穿潍坊南北的生态景观廊道、基础设施廊道、文化遗产廊道，促进沿河区域的生态改善、旅游开发、经济提升和社会进步。

4. 持续推进水利风景区建设

继续推进水利风景区建设力度，充分挖掘全市范围内的优美水利风景资源，鼓励申报省级水利风景区；对现有省级水利风景区进行提升改造，力争成为国家级水利风景区。

5. 大力弘扬潍坊特色水文化

按照水景观打造、水生态保护、水文化建设三位一体的理念进行水系综合治理，充分挖掘潍坊当地特色水文化，景观节点在宜人宜游的前提下，围绕水文化主题进行建设，建设潍坊市水生态文明博览馆，打造"水润鸢都，潍美天下"的水生态文明品牌。

6.5.2　水利风景区建设

潍坊市水利景观资源丰富，采取景区环境改善、道路建设及服务配套设施等提升改造措施，将现有省级水利风景区提升为国家级水利风景区；同时积极将虞河和大圩河等生态景观河道、泗淀湖水库等大中型水库打造成为省级乃至国家级水利风景区。

6.5.3 滨水景观带建设

1. 潍河生态景观文化轴建设

潍河是潍坊的母亲河,古称潍水,发源于莒县箕屋山,上游流经莒县、沂水、五莲,从五莲北部进入潍坊市,流经诸城、高密、安丘、坊子、寒亭,在昌邑市下营镇入渤海莱州湾。潍河较大支流有潍汶河和渠河,流域中峡山水库是山东省第一大水库。

潍水悠悠,蜿蜒北上,纵贯潍坊中东部,两岸人杰地灵,物华天宝。潍河流域出现过众多名人,传说大舜和大禹诞生于此,孔门弟子曾子、文艺理论家刘勰等也在此出生。齐国名相晏婴,能识鸟语的公冶长,东汉末年经学大师郑玄,建安七子之一徐干,三国时北海国相孔融,北宋绘画大师、《清明上河图》的作者张择端,宋代金石学家赵明诚,明末清初小说家丁耀亢,文字学家王筠,清代官员、文人窦光鼐,清代政治家、书法家刘墉,清代金石学家陈介祺,现代画家郭味蕖、于希宁,现当代作家王统照、王愿坚、王希坚、臧克家、李存葆、莫言等皆生于此。潍河流域可谓是历史文化底蕴丰富、文脉充盈!

因此,在满足潍河防洪除涝基本功能的前提下,对潍河进行生态景观建设和文化挖掘保护提升,将其打造成为国内著名的历史文化名河,对于改善潍河流域生态环境、促进潍河沿线综合开发具有重要意义。

(1)潍河上游诸城段重点挖掘恐龙文化,打造"中国龙城"品牌,建设潍河公园、南湖公园、三河湿地公园、昌城镇潍水文化公园、相州古县韩信坝湿地公园等。其他河段以打造乡村郊野生态河道景观为主。

(2)位于潍河最大支流汶河段的安丘市重点挖掘地方民俗文化和酒文化,深入挖掘酒和水之间的紧密联系,依托景芝酒业打造"中国北方第一酒城"的品牌,建设汶河城区段滨水景观和汶河生态湿地公园等。

(3)峡山水库段重点挖掘山东第一大水库的品牌潜力,结合水

63

库周边的伯温祠、玉皇庙、王母宫、财神庙、观音洞、观景台、栈桥、峡山公园等景点，形成一处集防洪灌溉、观光旅游、休闲养生于一体的大型生态修养场所，同时重点建设峡山水库上游湿地和水库下游潍河生态湿地。

（4）位于潍河下游的昌邑市以加大雨洪资源利用和峡山水库弃水利用、加强地下水超采区修复为重点，在打造潍河城区滨水风情带的同时，建设沿河生态湿地、入海河口生态湿地，不断修复潍河下游生态环境和地下水环境。

2. 弥河生态景观文化轴建设

弥河古称巨洋水，弥河源头出自山东省潍坊市临朐县沂山西麓，流经临朐县、青州市、进寿光市入渤海。

（1）位于弥河上游的临朐县以打造"沂山弥水"为目标，重点挖掘山旺古生物化石文化、奇石文化和当地民俗文化，通过实施小流域综合治理、弥河滨水景观带等工程进一步改善生态环境，改造提升镇村风貌，保持原始自然、山水交融的特色。

（2）弥河中游段以优化提升城市段为主，结合亚行贷款项目，重点建设弥河湿地公园和洰淀湖湿地公园等工程，加大地下水保护与修复力度，突出寿光段的都市风貌和青州段的历史文化名城、花卉名城特色。

（3）弥河下游重点建设入海河口湿地公园，结合潍坊北部水网工程建设沿海生态保护带，改善滨海地区生态环境。

3. 白浪河生态景观文化轴建设

白浪河是流经潍坊市城区的最重要的河流，横穿昌潍大平原。潍坊市委市政府为了改善白浪河生态环境，建设了白浪河湿地公园等工程，将白浪河打造成了一条水清、树多、花美、鸟类成群的具有国际水准的特色滨水景观区，使之成为融入了潍坊特色文化底蕴的超大天然湿地公园，成为国内外著名集旅游、休闲、娱乐、餐饮、居住、生活体验、文化弘扬为一体的旅游综合体。

2018 年开始，昌乐县白浪河综合治理工程开始实施，通过滨河湿地景观和入海河口湿地公园等工程，形成一条具有鲜明潍坊特色、融汇文化底蕴的持续的生态景观文化带。

4. 滨海生态景观文化带建设

滨海地区应紧紧抓住国家山东半岛蓝色经济区发展战略等机遇，大力开展北部水网工程、沿海生态湿地工程、入海河口生态综合治理工程、海洋主题生态公园等建设，构建滨海生态景观文化带，使之成为国内盐碱地区人工生态景观的典范和沿海生态治理示范，打造集生态、旅游、休闲、商业等于一体的沿海滨水生态景观廊道。

5. 乡镇滨水景观建设

在全市有条件的滨水乡镇因地制宜建设滨水景观，布设生态护岸、亲水平台、景观小品、园林植物、休憩广场、康体设施等，营造绿色景观节点，为当地居民提供休闲游憩场所。

6.5.4 水文化弘扬措施

潍坊市水文化弘扬主要结合滨水景观节点进行分散式展示。为了集中系统展示潍坊市水生态文明建设方面取得的成就，介绍水生态文明建设技术和手段，对公众进行直观形象的水生态文明宣传教育，提高公众自觉的水生态文明意识和生态环境保护意识，使大家体会到水生态文明建设是和每个人的生活息息相关的，规划筹建潍坊市水生态文明博览馆，并规划将之分为时间之水展馆和空间之水展馆。

时间之水展馆主要展示山东省以及潍坊市河流湖泊水系的历史演变过程，系统展示潍坊市治水重要事件、潍坊水系人文故事等，同时设立 5D 影院等，让观众从听觉、视觉、嗅觉、触觉、动感电影的背景和效果五个方面达到身临其境的逼真感，以便对潍坊市水生态文明建设成就有一个系统深刻且直观的认识。

空间之水展馆主要展示潍坊市水系模型和现代水网模型，展现现有防洪减灾、城乡供水、水系生态骨干体系，以大型河流、骨干支流、输水干渠为主要框架，骨干水库、湖泊、湿地为节点，构建骨干水网体系。同时还可全面展示潍坊市水生态文明建设的主要项目、措施、方案等。通过优美的水景观展示水、林与人类环境的完美融合，通过小型节点模型、摄影图片等方式展现潍坊现代水利发展的美好蓝图。

6.6　水安全保障措施

6.6.1　基本思路

水安全保障是水生态文明建设的重要组成部分。潍坊市在水利建设过程中需转变观念，由防洪防潮减灾为主向统筹治水转变。坚持除害兴利结合，妥善处理好防洪、防潮、供水和生态保护的关系，由控制洪水、入海为安转向管理洪水、资源利用。在满足防洪防潮减灾基本功能的前提下，兼顾生态景观和文化展示功能，采取堤防加固、扩挖疏浚、生态护岸、绿化美化等措施，避免河道治理渠道化和硬质化，实现工程建设的防洪防潮、抗旱减灾和生态景观等多重功能。

6.6.2　河道综合治理工程

在完成山东省中小河流治理工程的基础上，先期重点做好弥河、潍河的两河治理工作，使之成为贯穿潍坊南北的防洪安全屏障、水资源调配通道、生态景观长廊。同时继续对白浪河、汶河、渠河、堤河、大圩河、西张僧河、百尺河、石河、五龙河、桂河、南阳河、淄河等流域面积在 $50km^2$ 以上的 103 条河道进行综合治理，对全市范围内的其他小型河道或河段进行综合治理，确保重点河流满足防洪标准要求。

6.6.3　防潮堤工程

抓住山东省海堤工程建设机遇，开展寿光、滨海、昌邑的防潮堤工程建设，形成一条贯通潍坊东西的防御风暴潮安全屏障，保障区域生产生活安全。

6.6.4 除险加固工程

除险加固工程以消除潍坊市现有水利设施安全隐患、提高水利工程运行效益为主要目的，重点实施病险水库除险加固工程、病险塘坝除险加固和病险水闸除险加固工程等，主要包含加固、加宽大坝，清理、疏通、拓宽溢洪道，维修交通桥等内容。

6.6.5 农村饮水安全工程

在现有农村供水工程的基础上，实施净水厂及农村供水管网延伸改造工程，重点实施农村饮水安全提升改造工程、农村饮水安全信息化建设工程、水厂主管道连通并网工程等内容。

6.7 水生态文明宣传教育措施

6.7.1 基本思路

围绕"普及水生态文明知识、强化水生态保护意识、建设生态美丽家园"主线，采用媒体宣传、科普教育、社区活动、文化熏陶、家庭参与等方式，着力打造以家庭、社区、学校、医院、企事业单位、政府机关等为单元的水生态文明细胞，创建祥和文明的社会氛围，培育公众理性自觉的水生态忧患、水生态道德、水生态责任和水生态审美等水生态文明意识，自觉地节约水、爱护水、珍惜水，自觉地尊重自然，为水生态文明建设奠定坚实的社会基础，使水生态文明理念融入广大民众的日常生产生活之中。

6.7.2 健全水生态文明宣传教育网络

深入推进水生态文明宣传教育进机关、进学校、进企业、进社区、进农村，建立健全水生态文明宣传教育网络。征集水生态保护的志愿者，引导志愿者适当的绿色保护行动，在公园等公共场所整理环境、监督并善意告知游人破坏环境的不文明行为；协助志愿者进入社区，给老百姓近距离地宣传并示范节水、垃圾分类、废旧物回收、爱护生物等节水减污与保护生态的文明理念；鼓励并支持志愿者帮助解决脏乱差的集体环境，并配合相关部门的强力管理和媒体的宣传，努力提升广大群众生态保护的"自省能力"。

开展企业法人的水环境保护法律法规培训和召开水环境形势的报告分析会，让企业关心整个水生态保护工作，提升企业学法治污的自觉性，从而减少企业偷排、漏排现象的发生；鼓励中小企业采取节水减排、循环用水的环境友好型和资源节约型的生产方式。在企业内部，开展职业水生态教育，培养绿色企业文化，提高企业整体社会责任感。

6.7.3　拓宽生态文明宣传渠道

创新水生态文明宣传的形式，结合滨水景观建设水生态文明宣传展示基地，在潍坊日报、广播电视台、政府门户网站开辟水生态文明专栏，投放节水爱水公益广告，普及水生态文明知识，树立水生态文明先进典型，曝光水污染和水环境破坏违法事件。利用政务微博、社交网络、手机短信平台等新媒体，不断创新水生态文明宣传教育形式。采取水生态文明专题讲座、研讨会、成果展示会等形式，组织水生态文明理念宣传活动，培育公众自觉的爱水节水意识，将水生态文明观念融入每个人的生活中，形成爱护水生态环境的良好风气。

6.7.4　开展水生态文明主题宣传活动

借鉴发达国家经验，重视公众在解决水环境问题中的重要作用，强化水环境保护公众参与度，鼓励各类民间水环境保护组织开展宣讲行动、水生态保护义演、社区水生态文化宣传等各类活动，开展水生态保护科普宣传。在全社会募集水生态保护志愿者，继续丰富志愿者活动形式，通过培训，定期或不定期地帮助宣传节水、河道保护、环保知识，逐步引导居民爱水护水意识，带动更多的人参与水环境保护活动，逐步形成全社会共同关心、监督和参与水环境保护水忧患意识。以"世界水日""中国水周"为契机，组织万人看水利活动，邀请公众参观水厂、水利设施和其他治水成果，让民众真切体验水生态文明的成果。开展"水生态文明使者""水生态文明社区""水生态文明学校""水生态文明单位"等评选活动，激发社会各界的生态文明建设热情，树立水生态文明建设模范。

6.8　水生态文明管理措施

6.8.1　基本思路

以最严格的水资源管理为总抓手，以水生态环境现代化监控能力建设为重要手段，以水生态文明考核评价和责任追究制度为有效保障，全面推进水利改革创新，完善水生态文明法律法规体系，探索水权交易、水价改革和水生态补偿机制。贯彻空间均衡理念，强化需求管理，把水资源条件作为区域发展、城市建设、产业布局等相关规划审批的重要前提，以水定城、以水定地、以水定人、以水定产，严格限制一些地方无序调水与取用水，从严控制高耗水项目，为全市水生态文明建设提供必要的管理保障。

6.8.2　建立健全水生态文明管理制度

1. 建立水生态文明工作联席会议制度

水生态文明建设是一项复杂的系统工程，牵扯到水利（务）局、发展和改革委员会、经济和信息化委员会、环保局、市政局、林业局、农业局、教育局等各个部门。为了更好地推动潍坊市水生态文明建设工作，建议建立水生态文明工作联席会议制度，由分管市长作为总召集人，市政府办公厅领导及市水利局局长为召集人，联席会议由市水利局、市发展和改革委员会、市经济和信局、市环保局、市政局、市林业局、市农业局、市教育局等相关部门组成，办公室设在市水利局，承担日常工作。

水生态文明工作联席会议主要负责潍坊市水生态文明建设过程

中的组织协调、项目调度、实施安排和验收评估等工作。联席会议的建立把各部门有机结合起来，按照各自职责对创建活动予以积极支持，形成推动建设工作的合力，将有效促进潍坊市水生态文明建设工作。

2.健全最严格的水资源管理制度

潍坊市一直高度重视水资源管理工作，严格按照最严格水资源管理制度控制目标进行管理，同时严把水资源论证关口，积极同发改、经信等相关部门沟通协调，落实水资源论证作为建设项目批准、核准的前置条件，并加强用水计划管理，对重点取用水户远程实时监控。目前潍坊市已经初步建立最严格的水资源管理体系并加以贯彻落实。在潍坊市水生态文明建设工作中，需要继续健全最严格的水资源管理制度，并严格贯彻落实和监督考核。

3.全面推行"河长制"

"河长制"是指由各级党政主要负责人担任"河长"，负责辖区内河流的污染治理的制度。"河长制"是从河流水质改善领导督办制、环保问责制所衍生出来的水污染治理制度，目的是保证河流在较长的时期内保持河清岸绿、水洁鱼游的良好生态环境。"河长制"由江苏省无锡市首创，后续在江苏省、浙江省等省市得到推广，取得了良好的效果。

由于水系生态环境治理问题牵扯到多个部门，涉及生产和生活的各个方面。"河长制"的出现，把地方党政领导推到了第一责任人的位置，其目的在于通过各级行政力量的协调、调度，有力有效的管理关乎水系生态环境综合整治的各个层面。潍坊市河流水系众多，水系生态保护与修复任务繁重。为了更好地发挥当地政府保护水系生态环境、建设水生态文明的积极性和主动性，在潍坊市全面推行"河长制"，明确责任，严格考核，以切实推动全市水生态文明建设进程。

6.8.3　加强水生态文明监管能力建设

1.完善取用水监控体系

取用水监控体系对规模以上取水户进行水量监测，其监控对象主要是潍坊市水行政主管部门批准颁发取水许可证的取水户。取水户包括工业取水和公共集中供水（工业用水、服务业用水和生活用水）等用途，也包括地表取水和地下取水等方式。该体系与建立用水总量控制和用水效率控制两条红线相适应，完成以自动监测、在线传输为主的重要取用水户的在线监控。在潍坊市现有取用水监测点的基础上，补充新建其他监测点，尤其对地下水取水和敏感水域取水点要实现全覆盖。潍坊市下辖各县市区的监控点数据通过数据专线传输到市平台的数据库中，实现全市重点取用水情况在线监测和控制。

2. 完善水功能区监控体系

水功能区监控体系与建立水功能区限制纳污红线相适应，水功能区水质监测采用巡测和在线监测相结合的方式；水功能区监测指标主要是水位、水量和水质，采用驻测站（指水位、水量和水质自动监测方式）和巡测站（指水位水量自动监测，水质巡测即经常性水质监测、取样实验室化验方式）相结合的方式，对潍坊市水功能二级区的饮用水源区采用水质驻测即配备水质在线监测设备方式，其他所有水功能区以巡测方式为主。

3. 建设水生态文明管理系统平台

规划整合水资源监控管理信息平台、山洪预警信息平台、防汛抗旱指挥平台等系统，建设潍坊市水生态文明管理系统平台，实现全市水生态文明建设信息的互联互通和主要水生态文明管理业务的在线处理，为实行最严格水资源管理制度、全面推进水生态文明建设提供技术支撑。

6.8.4 推进水利关键环节改革

1. 试点推行水务一体化

水务是指以水循环为机理、以水资源统一管理为核心的所有涉水事务。水务主要包括水资源、城乡防洪、灌溉、城乡供水、用水、排水、污水处理与回收利用、农田水利、水土保持、农村水电等涉水事务。

水务一体化指水务管理所涉及的各项职能和各个环节之间协调、统一的管理机制，即对区域的防洪、排涝、供水、需水、节水、水资源保护、污水处理回用、农田水利、水土保持、农村水电、地下水回灌等实行统一规划、统一取水许可、统一配置、统一调度、统一管理，即由一个部门对水质和水量负责。规划逐步在全市实现推行水务一体化管理。

2. 探索水权交易，培育水市场

充分发挥市场作用，开展水权交易是科学高效配置水资源、提高水资源利用效率与效益的有效途径。潍坊市在水生态文明建设过程中，为了解决面临的水资源短缺等突出问题，需逐渐发挥市场在资源配置中的决定性作用和更好发挥政府作用，逐步建立健全水资源资产产权制度，探索完善水价形成机制，培育和规范水市场。

为实现潍坊市黄河水、长江水和当地地表水、地下水及各类非常规水的综合调度和统筹配置，在潍坊市探索以供水区域为单元实行综合水价。在统一原水价格的基础上，按照"定额内保公平、超定额讲效率"的原则，累进征收水资源费，实行阶梯水价。

3. 探索划定水生态红线，试点水生态补偿机制

生态补偿机制是以保护生态环境、促进人与自然和谐为目的，根据生态系统服务价值、生态保护成本、发展机会成本，综合运用行政和市场手段，调整生态环境保护和建设相关各方之间利益关系的环境经济政策，主要针对区域性生态保护和环境污染防治领域，是一项具有经济激励作用、与"污染者付费"原则并存、基于"受益者付费和破坏者付费"原则的环境经济政策。

潍坊市应在划定最严格水资源管理制度"三条红线"的基础上，探索划定全市的"水生态控制红线"，对各县市区水系界面划定水质考核断面，制定水质考核标准，按照"谁污染、谁补偿""谁保护、谁受益"的原则，对水质不达标的县（市、区）从财政直接扣缴水生态补偿金，并全部用于同流域内上下游生态补偿、水污染防治，及奖励水生态环境责任目标完成情况较好的县（市、区）。

第7章 水生态文明建设保障措施

7.1 加强组织领导，推进体制改革

潍坊市各县（市、区）政府及有关部门要提高对水生态文明建设的认识，成立由政府牵头、水利部门和有关部门分工负责的水生态文明建设工作领导小组，落实目标责任和任务分工，并建立工作推进机制，切实保障完成建设目标。同时建立健全水生态文明建设部门的共建联动机制，形成工作的合力；建立水生态文明建设评估、考核制度，分解到单位、实化到部门、细化到岗位；推行政务信息公开，建立和完善社会公众的监督机制。

7.2 建立投入机制，落实资金保障

按照"两手发力"的思路，充分发挥社会和政府的力量，广泛开辟资金渠道，积极争取中央及省级资金支持，建立并完善"政府主导、市场运作、产业支撑、多元投入、社会参与"的投入机制。

在创造良好投资环境的基础上，积极拓宽融资渠道，以促进形成多途径市场化融资机制，尤其是针对水源工程建设等具备一定收益能力的项目，尝试通过制定相关法律法规、激励制度等措施，积极鼓励和引导国家政策性银行、国际金融组织、商业银行和社会资金参与水生态文明建设工作。

7.3 注重科技创新，强化技术支撑

针对水生态文明建设的方向，并结合潍坊市实际，注重科技创

新，重点从水生态文明理念下的水利规划方法和管理技术进行突破，研发水生态友好型技术、工艺和材料，以及在水生态信息监测与评价方法上加强科技创新，并加大对技术的研究、开发和推广应用力度。

同时，邀请水生态保护、水环境治理等领域专家、学者，形成潍坊市水生态文明建设工作智囊，并联合国家、省有关重点科研单位和高校，重点就水生态文明建设的重大理论和科学技术问题开展研究，强化技术支撑。

7.4　完善法规体系，建立长效机制

进一步强化依法治水管水，针对水资源管理的重要环节，出台、完善相应的配套制度和管理办法，保障潍坊市水生态文明建设工作的规范化、制度化、法制化。进一步建立和完善水生态文明建设科学评估体系，采取定性与定量结合原则，科学、及时地对潍坊市水生态文明建设的进度、成效与问题进行评估，确保形成建设长效机制。

7.5　开展文化宣传，形成社会合力

加强对水资源、水环境和水生态的宣传通过各种传媒向全社会宣传水生态文明的重要意义，并定期就潍坊市水生态文明建设工作的阶段成果信息公开，提升公众对于水生态文明建设的认知，增强全市人民的水患意识及水资源节约保护意识。

采用水生态文明教育与水生态文化研究、作品创作相结合的方式，总结出先进的水生态价值观，并借鉴建设经验和成果，通过水生态文明立法、宣传等手段倡导民众建立适应水生态文明要求的生产生活方式，带动全民共创共建，形成潍坊市水生态文明建设的社会合力。

第 8 章 预 期 效 益 分 析

潍坊市水生态文明建设主要包含水资源优化配置措施、水生态保护与修复措施、水景观文化措施、水安全保障措施、水生态文明宣传教育措施和水生态文明建设管理措施等六方面 24 项内容。通过水生态文明建设，不仅能统筹解决潍坊市面临的水资源短缺、水灾害威胁和水生态退化等三大水问题，有效改善市域水系生态环境，同时还能提升城市品质，改善人民群众生活质量，增强区域可持续发展能力，具有较好的经济效益、社会效益和生态环境效益，实现"水润鸢都、潍美天下、人水和谐"的目标，为建设"生态潍坊、美丽潍坊、文明潍坊"提供必要的水资源支撑和水生态保障。

8.1 经济效益

（1）通过实施水环境综合治理和水景观提升工程，可以明显改善水环境质量、营造滨水景观，并提升滨水周边土地价值，带动地区经济发展。

（2）通过建设水利风景区和河、库滨水风光带，促进潍坊市旅游业进一步发展。

（3）通过发展各项水经济，可以增加政府财政收入，提高人民群众收入水平，刺激投资、扩大内需、拉动消费，进而间接地促进潍坊市国民经济的整体发展。

8.2 社会效益

（1）通过新建水源工程和现代水网工程，可进一步科学调配区域水资源，可提高城乡饮水安全保障程度，保障区域未来经济社会持续稳定发展对水资源的需求，并促进区域和城乡协调发展。

（2）通过水资源保护及水生态环境保护及修复，可进一步促进水资源的保护利用，逐步实现水功能区的保护目标和水生态系统的良性循环，促进人水和谐发展。

（3）通过水生态文明理念宣传教育，可普遍提高全市的工农业及生活节水管理水平和全社会节水意识，形成良好的节水模式，并在全社会形成群众自觉参与、监督的良好社会风尚，水生态理念深入人心。

8.3 生态环境效益

（1）通过实施水功能区限制纳污控制管理，可减少入河湖污染物，使江河湖库的水质达到水功能区确定的水质目标；通过水环境综合整治、水生态保护工程的实施，进一步改善河流湖库的水质状况，为潍坊市社会经济的发展创造良好的环境条件。

（2）通过实施河湖水系连通工作，实施河道清淤、疏浚、扩宽工程，可使其水系基本网络化，促进水体交换和水质改善，并增强水体的调蓄功能，为实现水活、水清、水美创造有利条件。

（3）实施水资源保护、水生态环境保护工程，将改善区域的水生态环境，对潍坊市地下水超采区和海咸水入侵区进行有效治理，有利于维护水生物多样性和完整性，促进水生态环境良性循环；通过水土保持工程，将有效遏制水土流失恶化势头，改善区域生态环境，有效保护耕地资源，实现水利与水土保持生态建设的可持续发展，将产生巨大的生态环境效益。

第 9 章　研究结论及创新点

9.1　研究结论

（1）本研究以地级市为研究单元，以潍坊市为研究对象，探索研究了市域尺度的水生态文明规划策略和建设思路，形成了一套针对市域尺度的较完善的规划技术体系，可为全国其他地市水生态文明和幸福河湖建设提供借鉴。

（2）本研究在调查了解国内外相关文献的基础上，探讨了水生态文明的基本概念、内涵、特征、建设思路和技术等，进一步丰富了水生态文明建设理论体系。

（3）本研究以潍坊市为实际案例，对潍坊市水生态文明现状进行了较系统分析，研究提出了不同水生态功能分区条件下的水生态文明建设策略，明确了各功能分区的建设目标和建设思路。

（4）本研究提出了六大体系24方面的潍坊市水生态文明建设举措，并提出了各大体系建设的基本思路和重点任务，可为潍坊市水生态文明建设提供规划策略支撑和思路引导。

9.2　创新点

（1）本研究结合国内外研究进展，提炼出了水资源利用节约高效、水生态系统健康完整、水景观文化丰富独特、水生态文明意识理性自觉、水利建设行为文明自律、水管理体系科学健全的水生态文明六大特征。

（2）本研究提出了基于水生态功能分区的水生态文明建设策

略，并在此基础上分别提出了各分区的水生态文明建设目标。

（3）本研究提出了潍坊市水生态文明建设的总体布局，提出了六大体系 24 项主要任务，确定了建设基本思路和重点任务，可为潍坊市水生态文明建设提供了规划策略支撑。

参 考 文 献

陈进，2013. 水生态文明建设的方法与途径探讨［J］. 中国水利（4）：4-6.

丁惠君，刘聚涛，袁桂香，等，2014. 江西省莲花县水生态文明建设评价指标体系构建［J］. 江西水利科技（3）：165-170.

DB37/T 2172—2012，山东省水生态文明城市评价标准［S］.

高华，曹先玉，蔡保国，2013. 山东省水生态文明城市评价体系研究［J］. 中国水利（10）：8-10.

黄苗，2013. 水生态文明建设的指标体系探讨［J］. 中国水利（6）：17-19.

李合海，刘媛媛，刘兰，等，2014. 浅议当前水生态文明建设规划要点［J］. 地下水，36（6）：122-122.

罗增良，左其亭，赵钟楠，等，2015. 水生态文明建设判别标准及差距分析［J］. 生态经济，31（12）：159-163.

梅锦山，2013. 水生态文明建设分区分类策略初探［J］. 中国水利（15）：23-27.

唐克旺，2013. 水生态文明的内涵及评价体系探讨［J］. 水资源保护（4）：1-4.

田玉龙，2013. 水生态文明建设规划编制的基本要求［J］. 中国水利（15）：32-35.

王育平，苏时鹏，孙小霞，等，2015. 福建水生态文明建设的理论和实践探讨［J］. 水利发展研究（7）：20-23.

徐继军，2013. 水生态文明建设的几个问题探讨［J］. 中国水利（6）：15-16.

左其亭，2013. 水生态文明建设几个关键问题探讨［J］. 中国水利（4）：1-3.

左其亭，罗增良，赵钟楠，2014. 水生态文明建设的发展思路研究框架［J］. 人民黄河，36（9）：4-7.